教你智慧养殖丛书

笼养肉鸭 40天

王 胜 主编

山东科学技术出版社

·济南·

图书在版编目（CIP）数据

笼养肉鸭 40 天 / 王胜主编 . —— 济南：山东科学
技术出版社 , 2023.6
（教你智慧养殖丛书）
ISBN 978-7-5723-1666-1

Ⅰ . ①笼… Ⅱ . ①王… Ⅲ . ①肉用鸭 – 饲养
管理Ⅳ . ① S834

中国国家版本馆 CIP 数据核字 (2023) 第 100409 号

笼养肉鸭 40 天
LONGYANG ROUYA 40 TIAN

责任编辑：于　军
装帧设计：孙非羽

主管单位：山东出版传媒股份有限公司
出 版 者：山东科学技术出版社
　　　　　地址：济南市市中区舜耕路 517 号
　　　　　邮编：250003　电话：（0531）82098088
　　　　　网址：www.lkj.com.cn
　　　　　电子邮件：sdkj@sdcbcm.com
发 行 者：山东科学技术出版社
　　　　　地址：济南市市中区舜耕路 517 号
　　　　　邮编：250003　电话：（0531）82098067
印 刷 者：山东彩峰印刷股份有限公司
　　　　　地址：潍坊市潍城区玉清西街 7887 号
　　　　　邮编：261031　电话：（0536）8216157

规格：16 开（170 mm×240 mm）
印张：7　**字数**：105 千
版次：2023 年 6 月第 1 版　**印次**：2023 年 6 月第 1 次印刷
定价：49.00 元

《笼养肉鸭40天》

主　编　王　胜

主　审　张秀美　孟庆利

编　者　李玉晨　郭　敬　郝万林　汪建华

　　　　赵　杰　李玉峰　孟　超

前言

QIAN YAN

肉鸭养殖是我国特色产业，也是我国畜牧业的重要组成部分。据最新统计，2022 年我国肉鸭出栏量已经突破 40 亿只，占全世界肉鸭总出栏量的 75% 以上。肉鸭养殖经历了从地面平养、网上平养到多层立体养殖等模式，机械化、自动化、智能化养殖水平越来越高，养殖设备和技术也不断创新。经调查发现，笼养肉鸭各项生产指标优势明显，养殖效益大大提升，已经成为大、中型肉鸭养殖企业的首选模式。

笼养肉鸭是立体养殖，相对平养单位面积鸭密度大，每平方米可饲养肉鸭 14~16 只，每平方米产肉 45~50 千克，养殖效率比地养和网养肉鸭大大提高。笼养肉鸭平均成活率可达 98% 以上，比地面平养提高 4%~5%。笼养鸭活动少，体能消耗小，比地面平养可提前出栏 3~5 天。笼养肉鸭平均料肉比 1∶1.75，比地面平养肉鸭可节约非常可观的饲料成本。立体养殖，避免了鸭只与垫料的直接接触，粪便清理及时，后期湿度较好控制，肠道和呼吸道疾病的发生率明显降低，大大减少了防治鸭病用药量，食品安全更有保障。笼养肉鸭也存在不足和难点，如设备要求高、投资大；上、中、下层笼温度、光照调整难；中后期通风量与通风模式的设计难；鸭粪需要无害化处理等。本书详细阐述了笼养肉鸭关键技术，针对性和实用操作性强，让你一看就懂，一学就会。本书作者均来自肉鸭养殖一线，实践经验丰富，希望把肉鸭养殖的心得体会与同行分享，共同促进肉鸭养殖产业的快速健康发展。

由于我们水平和时间有限，书中错误和不足在所难免，敬请大家多提宝贵建议，共同进步。

编　者

目 录
MU LU

第1章

笼养肉鸭场建设要求

一、鸭场选址

鸭场选址，要确保鸭场与周围自然生态环境相适应，有利于鸭场的长远健康发展。鸭场选址主要考虑区域规划、土地性质、社会环境、自然环境、环保条件、法律法规条件等因素。

1. 区域规划

鸭场选址必须符合当地农牧业总体发展规划、土地利用开发规划和城乡建设发展规划。自然保护区、生活饮用水水源保护区、风景旅游区、受洪水威胁和泥石流、滑坡等自然灾害多发地带、自然环境污染严重地区不宜建场。

鸭场建设前需要将相关手续（土地变更、环境影响评估、土地租赁、动物防疫许可证等），与政府各部门及时沟通，确定该地块符合规划。

鸭场建设相关手续

2. 土地性质

土地性质划分需要参考《全国土地分类》，其中设施农用地、畜禽饲养地归属于其他农用地，即在鸭场建设前做土地变更。

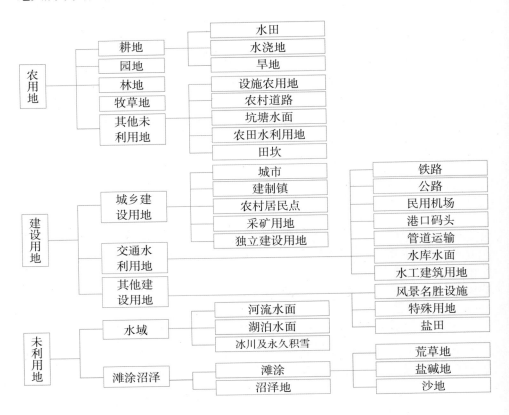

3. 社会环境

鸭场选址要遵守《畜禽规模养殖污染防治条例》《动物防疫条件审查办法》（中华人民共和国农业部令 2010 年第 7 号）规定。

（1）一般场址应远离铁路、高速公路，工业污染区等。

（2）一般场址应远离居民区、医院、学校、水源地，并在以上区域的下风向。

（3）出于生物安全的考虑，鸭场选址首先要规避人口密集区、屠宰场、其他家禽养殖场等。

鸭场要距离水源地、动物屠宰加工场所、动物和动物产品集贸市场 500 米以上；距离种畜禽场 1 000 米以上；距离动物诊疗场所 200 米以上；动物饲养场（养殖小区）之间距离不少于 500 米；距离动物隔离场所、无害化处理场所 3 000 米以上；距离城镇居民区、文化教育科研等人口集中区域及公路、铁路等主要交通干线 500 米以上。即鸭场场界与禁建区域边界的最小距离不得小于 500 米。

遵守相关规定

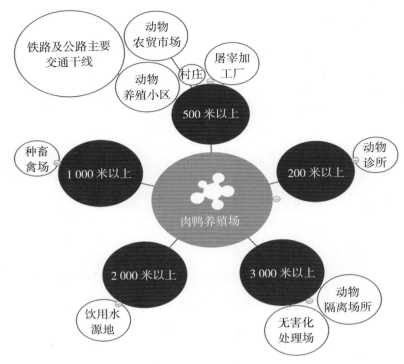

铁路及公路主要交通干线

动物农贸市场

村庄

动物养殖小区

屠宰加工厂

500 米以上

种畜禽场

1 000 米以上

肉鸭养殖场

200 米以上

动物诊所

2 000 米以上

3 000 米以上

动物隔离场所

饮用水源地

无害化处理场

鸭场要保持安全距离

4. 自然环境

鸭场选址应遵循地形开阔、环境良好、交通便利、水电路网等配套基础完善的原则。

（1）场址地形开阔规整，有利于生产区、生活区、粪污处理区合理布局。

（2）场址地势高且平坦干燥，有利于排水，土壤透水性强、吸湿性和导热性小，具备就地处理和纳污的基本条件。若鸭场地势较低，在雨季易发生内涝，会造成严重损失。

（3）场址周围环境干燥，避开山顶和低洼潮湿地带。

（4）场址地下水源充足便利，水质应符合畜禽饮用水标准。

（5）场址交通便利，便于饲料车辆、毛鸭车辆运输。

（6）场址用电方便，供电稳定。

5. 设施配套

鸭场选址通常要求"四通一平"，即指通水、通电、通路、通网和土地相对平整。

（1）通水：肉鸭生长对水质的要求很高，首先要考虑的是通水，保障水和供应水量充足，能够满足鸭场生产、生活、消防用水需要，应具有独立的自备水源（井）；饮用水水质必须符合国家《畜禽饮用水水质标准》《畜禽饮用水中农药限量指标》。切忌在严重缺水或水源严重污染的地区建场。

供水能力保证

（2）通电：将高压电从电网处引至鸭场，具备二三相电源，最好有双路供电条件或自备发电机，保证供电稳定。

变电系统

配备发电系统

（3）通路：到场道路要硬化，从养殖场区到场外的道路畅通，注意经过的涵洞和道路限高。

注意道路限高

通往鸭场的道路尽可能硬化

（4）通网：现代化养殖已经逐步迈入了数字化时代，通过养殖大数据信息的采集，才能够及时了解整个鸭场的生产情况，管理方便快捷。

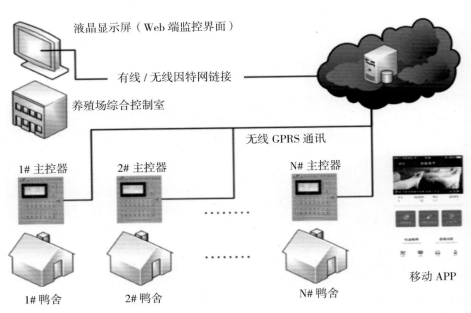

智能化信息系统

二、鸭场内设计与设施设备

　　鸭场的规划布局要科学实用、因地制宜。根据场地的环境条件，科学确定各区的位置，合理排布各类房舍、道路、供排水和供电等管线、绿化带等，以达到有效利用土地面积，减少建筑投资和管理高效目的。

1. 分区原则

　　首先应考虑人的工作和生活环境，尽可能不受饲料粉尘、粪便、气味等污染，其次应考虑鸭群的卫生防疫，杜绝污染生产区。一般鸭场分为生产区、行政管理区、生活区、辅助生产区、病死鸭及污粪处理区等，有利于防疫和组织生产。

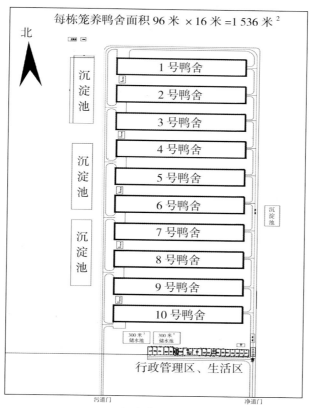

场内合理分区

2. 鸭场分区设置

行政管理和生活区，主要包括办公室、储藏室、住宿、餐厅、卫生间等。生产区，主要包括肉鸭养殖棚舍，生产净道、生产污道等；污粪处理区，主要包括粪污无害化处理车间、发酵车间等；其中，配电室、蓄水池、水井需要根据场区实际情况合理配置。

生活区应距行政管理区和生产区100米以上，病死鸭及粪污处理区也应远离生活区。

生产区与其他功能区之间应有隔离设施，包括隔离栏、车辆消毒池、人员更衣及消毒房等。禁止场外人员和车辆直接进入生产区。

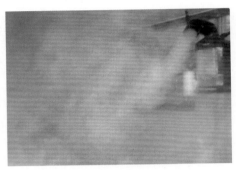

设置消毒通道

生产区内净道和污道要严格分开，净道供人员通行，雏鸭、饲料运输车辆等通过，是生产区内的主干道，路面宽度应保障饲料运输车辆通行；污道是供运输粪便、废旧垫料、病死鸭之用。死淘鸭焚烧炉设在生产区污道一侧，贮料罐建在净道一侧。

鸭场净道

鸭场污道

3. 鸭舍设计

鸭舍东西向排列，一般鸭舍间距为 8~10 米。鸭舍长度通常为 90~100 米，超过 100 米则会非常不利于通风管理。鸭舍宽度为 16~16.5 米，鸭舍过道宽度为 1.2~1.5 米，小于 1 米则会不利于通风，大于 1.5 米则会增加鸭舍建设成本。一般鸭舍檐口高度设定为 3.8 米左右，脊高 5.8 米左右。目前肉鸭笼养为 3~4 层。

鸭舍长 90 米　　　　　　　　　　　鸭舍走廊 1.2 米

4. 供暖系统

（1）风暖：即炉即通过燃煤、燃气等方式将暖风炉加热，根据环控设备设定的需求温度，自动向棚舍内鼓吹热风，以达到提高棚舍内温度的目的。

（2）水暖：即通过燃煤、燃气等方式将水暖炉内的水加热，进入棚舍内的水暖管线，通过散热片、地暖管道等散热，以达到提高舍内温度的目的。

天然气锅炉供暖　　　　　　　　　　水暖供暖

（3）空气能供暖：即通过少量的电使压缩机工作，将空气热能通过水暖或风暖方式散发。

空气压缩机

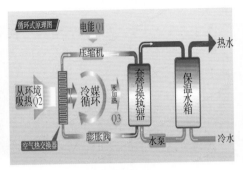

空气能供暖

5. 通风降温设施

通风降温设施包括环境参数控制电脑、排风风机、进风小窗、湿帘进风口、湿帘纸、抽水泵、电子负压计等。

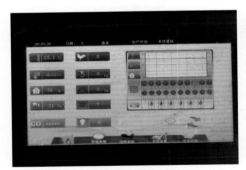

环境参数控制电脑

主配电箱

鸭舍远端风机

鸭舍侧墙风门

湿帘

湿帘池、水泵

风门安装在棚舍侧墙上，根据养殖数量及棚舍尺寸估算风门数量。

外界温度过低会造成鸭舍内环境参数变化过快，造成鸭群应激，通过通风管可预热外界空气，再到达棚舍内。

6. 供水系统

水源是养殖场的"命脉"，场区要保证充足、洁净的饮用水，配备足够的蓄水池，双管路供水是非常必要的。

沙滤、碳滤罐

反渗透过滤

原水池

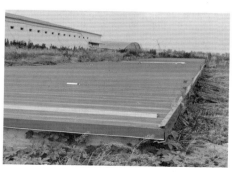

净水池

7. 防疫设施

在鸭场大门处应设置门卫和消毒房、消毒池。

在鸭场入口处有汽车消毒池

　　建场区围墙、生产区生活区隔离围墙，生产区污粪处理区隔离围墙，净道、污道严格分离，有消毒洗浴间、汽车消毒房、消毒盆、消毒喷枪。鸭舍有防鸟网、消毒设备。

消毒洗浴间

鸭场内汽车消毒房

8. 笼养肉鸭遇到的问题

（1）笼具开口较小，抓鸭容易造成损伤。笼门开关灵活性差，镀锌毛刺多，容易造成鸭只损伤。笼门与料槽间距契合度差，会造成小鸭采食不方便，有漏料现象。笼门上挡板与料槽处契合度差，容易造成积粪。

（2）粪带容易跑偏，空舍期笼具冲洗困难。

（3）通风不均匀，风速差异大，鸭笼内过鸭背风速很难保证。

（4）笼具各层间温度、光照不均匀。

（5）春季湿度控制困难，特别是在育雏期。

（6）饲养期间鸭舍羽毛不易打扫，注射免疫或出栏时工作劳动强度大，设备维修保养工作量大。

笼具开口小

出栏时抓鸭困难

笼具上常挂有上层落下的鸭粪

饲料容易落在粪带上

笼具上粪带常跑偏

笼具经常维修和保养

空舍期笼具常冲洗不干净

粪带上的羽毛常被吹到鸭舍各处

第 2 章

笼养肉鸭饲料与营养

一、肉鸭的营养需要与饲养标准

1. 肉鸭营养需要特点

肉鸭与其他家禽一样，消化道结构简单，消化道中微生物的作用较小，利用粗纤维的能力差。但是，肉鸭有长而富有弹性的食道，能够一次采食大量的饲料，有耐粗饲的显著特点。

能量原料用于肉鸭维持和生长，日粮能量水平决定了肉鸭采食量。因此，在配制肉鸭日粮时，注意调整日粮能量浓度，以保证各养分的需要量。据试验表明，给鸭饲喂代谢能 12.89~9.20 兆焦/千克的营养平衡日粮，各组 48 日龄鸭的平均体重接近，说明肉鸭采食的饲料量可以满足营养需要（表 2-1）。肉鸭利用低能日粮的能力比肉鸡强，但是低能日粮的利用率要比高能日粮的利用率低得多。因此，可根据具体的生产方向与目标设计合理能量浓度的日粮，实现最佳经济效益。

表 2-1　　　　　　纤维素稀释全价日粮对北京鸭增重与饲料效率的影响

日粮处理	代谢能（兆焦/千克）	48 日龄平均体重（克）	料肉比
全价日粮	12.89	3 068	2.70：1
全价日粮 +5% 纤维素	12.28	3 086	2.75：1
全价日粮 +10% 纤维素	11.72	3 055	2.9：1
全价日粮 +20% 纤维素	10.74	3 050	3.17：1
全价日粮 +40% 纤维素	9.20	3 032	3.66：1

肉鸭除了具有因能而食的机制外，还具有一定的生长补偿能力。据研究表明，一组北京鸭饲喂粗蛋白含量为16%的日粮，不能满足鸭早期快速生长的需要；另一组北京鸭饲喂粗蛋白含量28%的日粮，14日龄时饲喂低蛋白组的鸭体重比高蛋白组低了30%，但是48日龄时两组体重并无明显差异，说明鸭有一定的生长补偿能力。鸭的生长补偿特性，也可以用于设计肉鸭日粮，实现不同生产目标的最佳经济效益。

近年来，随着动物育种和营养技术的进步，肉鸭的生长速度加快，养殖效率不断提升，养殖模式不断改进。在当前集约化养殖模式下，肉鸭经常处于应激状态，如果因饲料设计不合理、营养不足，造成肉鸭生产受阻，出栏时间缩短，肉鸭不一定能够得到生长补偿。因此，在集约化养殖模式下，更加需要根据不同的养殖出栏模式设计充足营养成分的日粮，以达到肉鸭快速生长和最高饲料转化效率的最终目的。

2. 肉鸭的营养需要

近30年来，鸭育种公司采用现代育种技术，不断培育出高产肉鸭品种，并对鸭的营养需要进行了大量研究。我国在借鉴学习了NRC、国外种禽公司饲养标准的基础上，也制定了自己的肉鸭饲养标准。

（1）能量需要：给肉鸭饲喂代谢能10.04~13.39兆焦/千克的日粮，屠宰体重没有太大变化。日粮的氮矫正代谢能浓度对雏鸭生长速度影响不大，随着氮矫正代谢能浓度的提高，饲料转化效率和胴体脂肪含量得到提升。因此，在设计鸭日粮能量浓度时，既要考虑养殖的目标需要，也应考虑日粮原料的转化效率。据研究，采用代谢能11.72~12.55兆焦/千克的日粮较为适宜，但实际生产中单纯商品饲料的能量浓度可达到13.50兆焦/千克。

（2）蛋白质和氨基酸需要：为了保证雏鸭的高生长率，NRC和一些高产鸭饲养标准设定的雏鸭蛋白质需要量都较高。如0~19日龄肉鸭粗蛋白水平维持在19%~22%时，肉鸭的体重、日增重、采食量和料肉比表现较好。15~35日龄鸭的生长速度最快，要配制合理蛋白质水平的日粮。据研究表明，粗蛋白水平维持在16.5%~17.5%时，肉鸭的生产表现良好；在肉鸭育雏和生长阶段，粗蛋白水平对体重、日增重和采食量的影响不显著，对料肉比影响显著。此外，提高日粮粗蛋白水平可降低肉鸭的皮脂率和腹脂率。

在不同生长阶段、不同能量、蛋白质水平下，肉鸭的氨基酸需要量存在显著差异。在玉米豆粕型日粮中，蛋氨酸为第一限制性氨基酸。1~21 日龄肉鸭适宜的日粮蛋氨酸含量应不低于 0.45%，21~35 日龄不低于 0.38%。

胱氨酸作为含硫氨基酸的一部分，可由蛋氨酸转化而来。0~21 日龄北京鸭胱氨酸适宜含量为 0.325%。日粮中蛋氨酸和胱氨酸保持适当比例，在获得肉鸭最佳生长量的同时，最大限度降低蛋氨酸含量，提高蛋氨酸的利用效率。肉鸭总含硫氨基酸需要量，1~14 日龄为 0.82%，15~35 日龄为 0.75%。

在肉鸭玉米豆粕型日粮中，赖氨酸是第二限制性氨基酸，在能量、蛋白质水平一定情况下，随着赖氨酸水平提高日增重上升，采食量和料肉比则下降。在实际生产中，大量使用了棉粕、菜粕、花生粕等杂粕和 DDGS 等玉米加工副产品，豆粕用量很低，甚至不使用。在豆粕用量过低的情况下，赖氨酸的限制性作用会加强。随着肉鸭品种的改良，早期的赖氨酸推荐值已不能满足肉鸭发挥最大生产潜能，目前 1~14 日龄北京鸭赖氨酸需要量是 1.1%，15~35 日龄鸭是 0.85%，36~49 日龄鸭是 0.65%。

1~14 日龄肉鸭色氨酸需要量为 0.23%，15 日龄后鸭需要量为 0.16%。1~21 日龄鸭亮氨酸、异亮氨酸和缬氨酸适宜需要量分别是 1.06%、0.56% 和 0.80%，21 日龄后鸭分别是 0.61%、0.33% 和 0.44%。

（3）钙、磷需要：钙和磷是影响家禽骨骼生长最重要的营养因素之一。在肉鸭生产中，饲粮中植酸磷含量普遍较高，钙和磷比例不当，导致钙和磷缺乏症。

我国肉鸭饲养标准（NY/T 2122—2012）推荐的商品代北京鸭饲粮钙和磷水平为：1~2 周龄，钙 0.90%、总磷 0.65% 和非植酸磷 0.42%；3~5 周龄，钙 0.85%、总磷 0.60% 和非植酸磷 0.40%；6~7 周龄，钙 0.80%、总磷 0.55% 和非植酸磷 0.35%。侯水生等研究指出：北京鸭 0~2 周龄，饲粮中钙和磷占比分别为 0.90% 和 0.42%，3~5 周龄分别为 0.85% 和 0.40%，6~7 周龄分别为 0.80% 和 0.35%。

（4）维生素及微量元素需要：目前在家禽饲养中应用的维生素添加剂有，维生素 A、C、D、E、K_3、B_1、B_2、B_6、B_{12}、氯化胆碱、泛酸、磷酸、叶酸、生物素、肌醇等。肉鸭对维生素的需要量，受品种、日粮能量水平、环境温度、维生素利用率和损失率等因素影响。例如，日粮能量水平高、环境温度过高或过低、笼养等条件，都会增加肉鸭对维生素的需要量。在应用易氧化的脂溶性维生素作添加剂时，宜用动物胶类物质包被处理贮存，否则，脂溶性维生素混合到饲料中1个月后，效价就会降低一半。

目前应用的微量元素添加剂有碳酸锌或硫酸锌、碳酸锰或硫酸锰、硫酸铁、硫酸铜、碳酸钴或硫酸钴等，多是用矿石原料加工制成的混合添加剂。

3. 肉鸭的营养标准

我国肉鸭营养需要标准和饲料营养价值参数相对缺乏。在实际生产中，水禽生产企业和饲料企业主要根据国内外相关肉鸭的饲养标准，制定符合自己企业的饲养标准。伴随饲料原料的日趋短缺和价格上涨，营养师要制定符合肉鸭理想氨基酸模型的低蛋白日粮配方，势必涉及更多的氨基酸种类，我们可以借鉴以下肉鸭营养标准（表2-2~表2-4）。

表 2-2　　　　　　　　　　　　　樱桃谷肉鸭营养标准

营养成分	0~2 周龄	3 周龄以上
代谢能（兆焦/千克）	13.0	13.0
粗蛋白质（%）	22.0	16.0
钙（%）	0.8~1.0	0.65~1.0
可利用磷（%）	0.55	0.52
蛋氨酸（%）	0.50	0.36
蛋+胱氨酸（%）	0.82	0.63
赖氨酸（%）	1.23	0.89
色氨酸（%）	0.28	0.22
苏氨酸（%）	0.92	0.74
亮氨酸（%）	1.96	1.68
异亮氨酸（%）	1.11	0.87
缬氨酸（%）	1.17	0.95
苯丙氨酸（%）	1.12	0.91
精氨酸（%）	1.53	1.20
甘氨酸+丝氨酸（%）	2.46	1.90

表 2-3　　　　　　　　　　　　北京鸭营养标准

	项目	0~2 周龄	2~7 周龄	种鸭
营养物质	代谢能（兆焦/千克）	12.13	12.55	12.13
	粗蛋白质（%）	22	16	15
	精氨酸（%）	1.1	1.0	—
	异亮氨酸（%）	0.63	0.46	0.38
	亮氨酸（%）	1.26	0.91	0.76
	赖氨酸（%）	0.90	0.65	0.60
	蛋氨酸（%）	0.40	0.30	0.27
	蛋氨酸 + 胱氨酸（%）	0.70	0.55	0.50
	色氨酸（%）	0.23	0.17	0.14
	缬氨酸（%）	0.78	0.56	0.47
常量元素	钙（%）	0.65	0.60	2.75
	氯（%）	0.12	0.12	0.12
	镁（毫克/千克）	500	500	500
	非植物磷（%）	0.40	0.30	—
	钠（%）	0.15	0.15	0.15

表 2-4　　　　　　　　　　　　我国肉鸭营养标准

营养成分	0~3 周龄	3 周以上	种鸭
代谢能（兆焦/千克）	12.13	12.55	11.39
粗蛋白（%）	20.0	18.0	17.0
钙（%）	1.0	1.0	2.3
磷（%）	0.6	0.5	0.5
食盐（%）	0.3	0.3	0.3
蛋氨酸（%）	0.3	0.25	0.29

（续表）

营养成分	0~3 周龄	3 周以上	种鸭
蛋＋胱氨酸（％）	0.6	0.53	0.55
赖氨酸（％）	1.1	0.95	0.85
色氨酸（％）	0.27	0.26	0.24
维生素 A（国际单位／千克）	4 000	4 000	4 000
维生素 D（国际单位／千克）	220	220	500
维生素 E（毫克／千克）	6.0	6.0	8.0
核黄素（毫克／千克）	4.0	4.0	4.5
泛酸（毫克／千克）	11.0	11.0	7.0
烟酸（毫克／千克）	55.0	55.0	40.0
吡哆醇（毫克／千克）	2.6	2.6	3.0

二、各阶段肉鸭饲料原料选择与配制

1. 肉鸭饲养阶段划分

目前国内肉鸭饲养阶段划分和营养需要尚无统一标准，一般分为两阶段和三阶段饲养方式。肉鸭补偿生长性能极强，选择前期增重，还是后期增重，与体重沉积类别、沉积效率、能量原料和蛋白质原料比例等因素有关。因此，设计日粮配方前必须了解所在地区的肉鸭饲养阶段划分，再合理设计饲料的营养水平（表2-5）。

表2-5　　　　　　　　　　常规肉鸭3个饲养阶段

阶段划分	548 料阶段	549 料阶段	549F 料阶段
日龄（周）	0~2 周龄	3~5 周龄	5 周龄至出栏
采食量（千克）	1.25	4	2
体重（克）	750	2 900	3 500

2. 肉鸭饲料配方设计原则

营养师根据肉鸭的营养需要、饲料原料营养价值、原料质量、生产成本和市场需求等因素，合理确定各种饲料原料的配比。在保证饲料原料品质的同时，尽可能地优先利用当地的原料资源，保持原料的新鲜度，并兼顾考虑原料采购价格。肉鸭对粗纤维消化能力高，这增加了饲料原料的选择范围及能量值。禁用发霉变质甚至含有有害物质的原料来配制日粮，肉鸭对霉菌毒素极为敏感，尤其是黄曲霉毒素，$30 \times 10^{-9} \sim 40 \times 10^{-9}$ 就能造成肉鸭对蛋白质利用率的下降，$60 \times 10^{-9} \sim 80 \times 10^{-9}$ 时能使肉鸭生长效率大幅下降。饲料添加剂主要包括氨基酸、矿物质和维生素等，要保质保量、合理选用。

肉鸭有"因能而食"的特点，当饲料能量水平较高时，肉鸭采食量较少；反之，则较多。为了保证达成生产目标并减少饲料浪费，配制日粮时需要考虑蛋白质与能量比例，减少酮体的脂肪沉积，提高产肉效率。饲料配方：谷物饲料（2~3 种以上）45%~70%，糠麸类 5%~15%，植物性蛋白饲料 15%~25%，动物性蛋白饲料 3%~7%，矿物质、维生素饲料 3%~5%，添加剂 0.5%~1.0%。

3. 饲料加工

在饲料生产过程中主要控制品质，注意原料配比、混合、制粒、冷却等各个生产环节。饲料原料要新鲜，一次配制饲料不宜过多，一般以 7 天喂养肉鸭完毕为宜。

三、肉鸭饲料无抗生素技术

自 2020 年 7 月 1 日我国规定在饲料中禁用抗生素，一直采用合理有效的饲料添加剂来替代抗生素。随着饲料原料精准评估数据的丰富，采用合理比例的氨基酸与易消化的蛋白质，保持适当的矿物质水平，让无抗生素日粮成为现实。随着抗生素替代品，如酸化剂、精油、抗菌肽、益生菌、益生素等的深入研究，将进一步提高肉鸭生产性能。

1. 选择饲料添加剂

在日粮中加入性价比较高的饲料添加剂，如在肉鸭日粮中添加甜菜碱，作为渗透压调节剂，可改善肉鸭对营养物质的吸收效率，并保持鸭肠道结构的完整性，同时有助于鸭患肠道球虫病后的恢复。

酶制剂作为一种新型高效、绿色安全的饲料添加剂，能有效促进肉鸭生长，提高饲料利用效率。酶制剂能有效提高肉鸭的消化能力，可提高一些低质价廉非常规原料在日粮中的配比，有效降低饲料成本和提高经济效益。

苯甲酸、丁酸等酸化剂作为肠道膳食纤维，是微生物发酵的主要终末产物之一，可增加上皮微绒毛的再生，增强肠道屏障功能。日粮中添加丁酸，有抗炎作用和增加饱足感的效果，包被的苯甲酸、丁酸等酸化剂效果更好。

2. 日粮中矿物质平衡

钠、氯和钾，对于肉鸭生长、保持健康都很重要。钙和磷，与肉鸭骨骼发育、腿部健康，甚至死亡率都有密切关系。过去普遍认为矿物质价格便宜，营养师在设计饲料配方时往往矿物质（钙、磷原料）比例过高。但在饲料原料价格高企的今天，营养师应该重新思考如何降低矿物质水平，而多应用植酸酶，以提高动物的生产性能。

3. 抗生素替代品

精油和植物性添加剂有抗菌，调节动物免疫力的作用，可以改善动物健康状况和生产性能。其活性成分包含香芹酚、百里酚、丁香油酚、大蒜素和肉桂醛等。益生菌类产品的作用机理，是与病原体竞争营养物质和生存空间，产生或分泌代谢物，如短链脂肪酸（SCFA）和细菌素等，可以改变肠道微生物环境，进而影响动物生产性能。益生素类产品，常见甘露寡糖和果寡糖，可选择性地促进有益微生物生长，从而改善动物的生产性能。

实现肉鸭饲料无抗生素，需要综合考虑影响肉鸭生产性能的各种因素，如鸭群的健康管理、生物安全管理、疾病防控、饲料原料与营养成分等。

第 3 章

笼养肉鸭日常管理

一、接苗管理

1. 接苗前的准备

（1）接苗育雏用具：如表 3-1 所示。

表 3-1 　　　　　　　　笼养 3 万只肉鸭规模每栋舍所需用具清单

物料	数量	用途
料铲	2 个	人工补料
大方桶	2 个	人工补用
电动喷雾器	1 个	日常消毒
大电子秤	1 个	称重
小推车	1 个	接苗及加料
推鸭板	2 个	称重、出栏时推鸭
观察车	1 个	巡查鸭群
笔记本	1~2 个	数据记录
养殖日报表	1 份	每日填报
记录笔	1~2 个	记录、填写报表
小料筒	30 个	育雏阶段使用

（2）打开笼门：在育雏前期，使用中间层进行育雏。在接苗前，把一侧笼门打开，用于放苗。

（3）检查供暖系统：检查燃气锅炉、供暖管道、暖风机 / 地暖管等供暖设施。在接苗前 2~3 天整体供暖系统试运行，逐一检查。

（4）检查加药系统：冲洗加药桶、压力罐，确保无残留杂质。运行加药泵，检查加药泵是否漏水，上水是否正常。

（5）水线冲洗：上苗前使用清洗机，对水线进行高压冲洗。要求水线内壁干净，无杂质，水位指示管清澈透亮，无杂质。

水线清洗机　　　　　　　　　　　　　　　清洗后的水线

（6）检查挡鸭板：调整挡鸭板到合适高度，便于采食和防止跑鸭。一体式调节的挡鸭板，需要检查前后高度是否一致。

（7）水线调整：调整水线高度，水线乳头距离底网 10~12 厘米，方便雏鸭开饮。检查前后水线高度是否一致。

（8）首次加料：来苗前4小时开始加料，每个料桶加料0.5千克。料桶使用3天，在首次加料吃完后，应及时补料，到肉鸭4日龄开始下撤料桶。料桶加料后摇晃一下，使料桶下料均匀，将料筒放置在水线与料槽的中间。

（9）首次加水：运苗车到场前半小时，水线供水。同时对水线末端进行排气，确认整条水线都有水，保证雏鸭正常开饮。

（10）舍内提温：舍内提前升温至32~33℃，冬季提前1~2天，春秋季提前1天，夏季提前0.5~1天升温。接苗时，舍温维持在28~30℃即可，接苗后2~4小时升温至32~33℃。

（11）关注天气预报：查看接苗当天的天气预报，遇雨、雪要提前搭棚，防止鸭群受淋，造成应激。

（12）接苗工作安排：接苗前1天，场长统一安排全场接苗工作，主要包括人员分工、接苗流程、笼内只数等，确保接苗顺利进行。

（13）卸苗工具检查：30 万只肉鸭规模的标准化养殖场，通常需要 10~20 辆平板车卸苗。维修工提前 1 天检修所有平板车，确保正常使用。

2. 接苗放苗

（1）运苗车到场：运苗车到场后，安排专人对运苗车进行冲洗、消毒。卸车前，场长应亲自检查鸭苗是否正常。如有异常情况，第一时间上报。

（2）卸车流程：技术员跟踪卸车，每十筐为一组，平稳放置在平板车上。平板车需要两人运送，一人在前拉车，一人在后扶筐，防止中途苗筐倾斜倒塌。到达鸭舍后，一人运送即可，按照要求放置苗筐。

（3）放苗：按照计划放苗，动作要轻缓，数量要准确。发现死鸭，及时捡出放在显著位置，方便最后统计数量。每筐鸭苗放空后，将筐子立在过道一侧，不能阻挡运输通道。如发现放苗数量与计划不符，立即报告主管，查找原因。

（4）其他注意事项：放苗过程中，场长检查并调整水压，水位管液面高于水线 15~20 厘米，保证水线水压适中，鸭群能正常开饮。场长抽笼查看，评估鸭苗质量并做记录。当发现弱苗过多或死亡率超过 0.1% 时，及时反馈。

（5）舍温与通风：开始放苗，逐步回调舍温至 32~33℃。放苗结束后，检查棚舍是否已全部封闭，设定各级别风机参数。

注意：在接苗过程中风机不得开启，以免对前端鸭苗造成应激。

（6）刺激鸭群开饮开食：放苗结束后，饲养员查看鸭群状态并轻轻驱赶，使鸭群尽快熟悉环境，尽早开饮开食。饲养员驱赶动作幅度、声音不可过大，防止给鸭群造成应激。

二、肉鸭饲养管理流程

笼养肉鸭生长周期为 36~40 天，日常管理包括饮水（药）、喂料、出粪、捡死鸭、消毒、称重、鸭舍巡检等。

1. 1~3 日龄肉鸭

（1）饮水：水线乳头距离底网 10~12 厘米，方便雏鸭开饮，逐步升高。

（2）喂料：主要使用小料桶进行加料，每天晃动料桶 1~2 次，及时补充饲料。

（3）温度：看鸭施温，每天稳步降低 1~1.5℃，具体视鸭群状态而定。

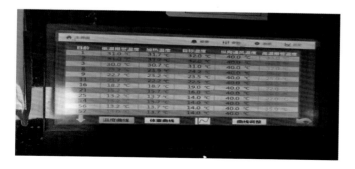

（4）通风：从肉鸭养殖第1天开始通风，以最小通风模式为主，超过适宜温度进行温控。

（5）湿度：鸭舍内湿度控制在60%~70%，重点检查舍内是否积水，粪带是否存水。

（6）出粪：每天出粪1~2次，随着鸭龄增加逐步增加出粪次数，最终达到每天4~6次。

（7）巡舍：每天巡舍 3~5 次，观察有无漏鸭、跑鸭现象，及时挑出弱残雏鸭淘汰。

（8）认真做好生产记录，准确统计鸭舍温度、湿度、喂料量等数据，每天及时上报。

2. 4~6 日龄肉鸭

（1）开始使用料槽饲喂，根据料槽内侧挡板高度和鸭脖长度，决定料槽内加料的厚度。4 日龄肉鸭较小，不适用匀料器匀料，可以直接使用料管加料，保证肉鸭能够吃到料。

（2）尽快从笼内撤出空料桶，可把剩料加在料槽内。空料桶长期放置在笼内，会影响鸭群采食料槽内饲料。

（3）一般料槽首次加料后肉鸭能采食 1~1.5 天，每隔一段时间翻动一次饲料，防止饲料底部结块霉变。第二次加料可以尝试使用匀料器。

人工匀料

（4）调节中层笼门隔网开度，由原来的开 1/2 调整为开 2/3，方便肉鸭伸头采食。

（5）调整上下层水线，保持平衡并进行高压清洗，为分群做准备。

上下层水线

（6）准备肉鸭 7 日龄免疫物品：疫苗、注射器、针头、恒温箱等。

3. 7~10 日龄肉鸭

（1）根据温度、水料位和管理因素确定分群时间。重点工作为调节中层内网为全开，方便肉鸭采食。

（2）免疫与分群同时进行，按照既定程序进行免疫。

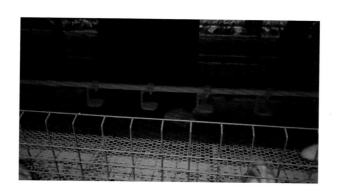

4. 11~25 日龄肉鸭

（1）11~25 日龄是肉鸭最易出现"翻个"的时期，饲养人员要不间断巡舍，发现不正常的"翻个鸭"，立即矫正或进行单笼饲养，让其逐渐恢复正常。

（2）由于肉鸭分群前后体感温差应激，易出现呼吸道症状，根据病情轻重决定是否用药。

（3）肉鸭 15 日龄时将挡料板调整到最顶端，方便鸭群采食。肉鸭 22 日龄时挡料板下放，挡料板和料槽刚接触即可，不留缝隙。

5. 25 日龄至出栏肉鸭

（1）肉鸭 28~30 日龄时进行大群称重，确定出栏日期。

（2）该阶段是肉鸭产生效益的关键时期，根据季节 / 温度决定是否控料，调整控料时间。

（3）该阶段是疾病高发期（有鸭舍通风不良、肉鸭体感温差等诱因），密切关注鸭群精神状态、采食 / 增重、死淘 / 分布情况等，做到第一时间防控。

三、分群管理

1. 分群前准备工作

（1）分群工具：有推鸭板、观察车、记录本、笔、劳保手套、口罩等。

（2）人员安排：每组3~4人，1人推鸭，2~3人负责抓鸭和清点上、中、下层肉鸭数量。每组安排1名负责人，记录各笼鸭只数量。

（3）水线及挡板：分群前1天，调平上、中、下层水线高度，水碗擦洗干净，上、下层挡板下沿距离料槽3.5厘米，中层内网开到2/3，中层挡板下沿距离料槽4厘米。

（4）分群前2~3小时，料槽停止加料，防止鸭群吃得太饱，抓鸭时呕吐。

（5）分群前半小时，上、下层水线加水，保证分群后鸭群第一时间喝到水。

分群前水线加水

2. 分群注意事项

（1）分群抓肉鸭时，只能抓脖子，不能抓腿，轻拿轻放，不能伤到肉鸭。

（2）负责抓鸭的人员，每人配备 1 个海绵垫子，将垫子放到笼门口，将肉鸭放到海绵垫子上，防止鸭腿摔折。

（3）分群点肉鸭数量时，上、下层按照计算数抓够，多余的肉鸭全部放在中层，最后调数时只调中层的肉鸭就可以。

（4）各笼抓鸭完毕后，及时关闭笼门，检查挡鸭板位置是否合适，确保肉鸭不跑出。

（5）分群完毕后开始用匀料器加料，加料量要一致。

（6）分群后，根据鸭群表现可上调舍温 0.5℃，或不调整。

四、鸭舍环境管理

鸭舍环境管理主要是温度、湿度、通风、光照集中控制，需要参考季节、肉鸭日龄、养殖模式、饲养密度等因素，形成满足鸭群生长适宜环境的综合管理体系（管理细节较多，不易统一标准，仅作基本参考）。

1. 鸭舍温度、湿度

（1）在不同季节设定舍温是不同的，同日龄肉鸭不同体重、不同健康状况，设定舍温也会略有不同。

（2）鸭舍内高湿百害而无一利（高温高湿热应激，低温高湿冷应激，昼夜湿度变化带来体感变化，饲料容易霉变等）。

表 3-2　　　　　　　　　　鸭舍温度、湿度参考方案

日龄（天）	1	7	15	20	25	30	35
温度（℃）	32~33	24~25	19~20	17~18	16~18	15~18	15~18
湿度（%）	65~70	50~65	50~60				

2. 通风管理

通风管理是基于目标温度的，而设定目标温度要考虑鸭群的舒适温度，还有鸭舍供暖能力和供暖费用。

（1）通风模式：

①低于目标温度：使用横向通风模式，一般采用最小通风量，最小通风参数为 0.8~1.2 米³/小时·千克，影响因素有舍外气温、肉鸭日龄、鸭舍密闭性、风机效率、饲养密度等。

②高于目标温度：实施温控通风模式，分别为横向通风、过渡通风、纵向通风（+湿帘降温）。例如，设定风机级差，选择风机台数、风机位置，匹配风机进风口，及时变换通风模式，设定湿帘启动温度和运行时间等。采用温控通风模式可以让肉鸭感到舒适，设定参数要结合舍外气温、肉鸭日龄两大要素。

鸭舍纵向风机

（2）负压：采用负压的目的是为了减小通风应激或达到均匀通风、降温，一般为 15~25 帕。烟雾试验是验证负压通风是否达标的手段。

（3）空气质量：空气质量重点在于指标监测和现场评估，影响因素主要为肉鸭日龄、舍外气温。空气质量现场评估的因素，主要为人的判断误差和检测仪器的灵敏度、准确性。

①二氧化碳（CO_2）：CO_2 浓度是笼养舍空气质量核心监测指标，不同季节、不同舍外气温 CO_2 浓度参考值不同。一般肉鸭养殖后期 CO_2 浓度保持在 500×10^{-6}~$3\,000 \times 10^{-6}$。

②氧气（O_2）：氧气浓度变化幅度较小，不灵敏，一般不检测。

③氨气（NH_3）：一般笼养肉鸭氨气检测不到，不做参考。

3. 光照管理

笼养肉鸭光照管理如表 3-3 所示。

表 3-3 笼养肉鸭光照管理

日龄（天）	1	7	14	21	28	35
光照强度（勒克斯）	30+	15	1~5	1~5	1~5	1~5

五、饮水管理

1. 水线平衡

在接苗前，将每列的 3 条水线调整至相同高度，每一条水线调至水平。在日常管理中，因鸭群挤压、员工操作等，水线高度会出现参差不平，需要及时调平。

2. 水线调整

为了方便饮水，1~3 日龄雏鸭的水线高度不宜过高。水压调整参考要素：调压阀是固定的，还是随水线升高的；水线乳头出水量；肉鸭饲养密度（表3-4）。

表 3-4 笼养肉鸭不同阶段水线参考高度 （单位：厘米）

日龄（天）	水线高度	调压器水位高度	日龄（天）	水线高度	调压器水位高度
1~3	16	20~30	14	34	40
4	18	35	15	35.5	40
5	20	35	16	37	45
6	22	35	17	38	45
7	23.5	35	18	39	45
8	25	35	19	40	45
9	26.5	35	20	41	45
10	28	35	21	42	45
11	29.5	40	22	43	45

（续表）

日龄（天）	水线高度	调压器水位高度	日龄（天）	水线高度	调压器水位高度
12	31	40	23	44	45
13	32.5	40	>24	最高处	50

3. 饮水卫生

饮水的质量主要参考指标为 pH、硬度、大肠杆菌、总菌量等。饮水不卫生会使肉鸭患病。饮水 pH 要求 6.8~7.5，总硬度（以碳酸钙计）180 毫克 / 升左右，高于 180 毫克 / 升表明水质过硬，低于 60 毫克 / 升表明水质过软。

4. 水线维护

（1）每次水线加药后必须立即冲洗，防止堵塞。

（2）水线每天冲洗一次，观察水线末端管内水质情况。

（3）水线冲洗时，保证末端水阀打开，防止损坏连接件。

（4）空舍时，将水管和加药器冲洗干净，彻底放水，冬季注意防冻。

（5）经常检查钢丝绳的紧张度，适当调节开口螺栓的夹紧位置，保证钢丝绳拉紧，水线悬吊平直。

（6）按期保养水线调压器。空舍或长期不用时，应将调压器回旋至水柱高度为 0，使内部压簧处于放松状态，以延长使用寿命。

鸭舍水线

Ⅳ 型水线调压器

六、饲喂管理

1. 饲料类别

1~5 日龄肉鸭，使用 548 小破碎开口饲料。6~15 日龄肉鸭，使用 548 小颗粒饲料。16 日龄至出栏肉鸭，使用 549 大颗粒饲料。

2. 控料时间

11~28 日龄肉鸭净槽，一般在中午净槽一次（60%~80% 料位空即可）；肉鸭 29 日龄后根据季节 / 温度决定是否净槽，调整净槽时间。

3. 喂料系统的使用与维护

（1）操作前准备工作：操作人员必须扣好衣袖，留长发者必须将长发盘入工作帽内。操作前必须认真检查，确保喂料机运行轨道上方、喂料机上方和两侧无任何异物附着。

（2）喂料机的使用：

①喂料机首次使用先空载运行 5 分钟，观察电机运转方向，防止电机倒转，损坏电机和软绞龙。运行过程中观察料管有无振动或异响，如有异常立即停止。

②向料塔添加饲料，喂料机运行至输料管下方，保证所有落料口正常下料。当料位传感器感应到料斗内料满时，就会自动停止下料。下料过程中如有振动、异响或其他异常，须立即停止。

③在调节匀料器高度时，注意匀料器前后左右的同步、平行与垂直，确保不碰到鸭笼隔网挂钩和食槽。

④喂料机运行过程中操作人员必须跟随，随时观察喂料机运行状况，操作人员必须在喂料机的后方跟随，禁止在设备前方倒退行走。

⑤喂料机运行过程中，操作人员禁止攀爬喂料机，时刻注意机械传动和脚下安全，防止头发、衣服、手套等卷入设备。

肉鸭喂料系统

（3）维护与保养：

①出鸭后清理鸭舍，应先把喂料机里的饲料放出。料塔冲洗前，应将轴部组件前端轴承盖卸下，用力拽出绞龙，然后用大力钳固定，这样冲洗水可以从料斗底部完全流出。

②对鸭舍消毒和熏蒸时，不得使用强腐蚀性、氧化性消毒剂。

③喂料车行走轮轴要每个月加一次润滑脂，使用普通黄油即可。定期检查喂料车各部位螺栓，特别是固定料斗和轴轮处螺栓，加以紧固，避免造成不必要的损失。

七、用药与免疫管理

用药和免疫没有固定程序，各鸭场可根据本场实际情况，即肉鸭发病日龄、发病类型，提前预防用药和接种免疫，重点关注用药和免疫的有效性。用药和免疫本质上是应对未预见的管理应激，但用药和免疫不能从根本上解决鸭群健康的问题，仅作为辅助和应季措施，还是要高度重视饲养管理。

1. 用药

（1）对症治疗：选择敏感药物进行治疗。

（2）用药剂量：根据鸭群健康状况决定使用剂量，正常量至倍量使用。

（3）用药疗程：抗生素疗程 3~5 天，中药疗程 5~7 天。

（4）有效性：饮水时间 >4 小时，可分 2~3 次加药；先加水再加药，搅拌均匀后再开启加药泵，确保药物浓度均匀；包装物内不要残留药物，用清水涮干净。

2. 免疫

肉鸭免疫次数相对较少，1 日龄肉鸭在孵化厂注射鸭肝 + 小鹅瘟二联抗体，7~8 日龄肉鸭转群前注射禽流感 + 浆膜炎疫苗。

表 3-5　　　　　　　　　　肉鸭免疫流程与注意事项

关键事项	目的	具体内容	备注
推鸭板	减小应激	包边软处理，不伤鸭	鸭舍
放鸭垫	每组 2 个	提前准备饱满松软的海绵垫	
防疫队	确定	提前联系防疫队，确定批次免疫时间	办公室
针头	100% 合格	筛选合格针头，高温消毒、酒精消毒，密封备用	
注射器	消毒彻底	每天使用完的注射器拆卸分解，刷洗干净，高温消毒	
注射器剂量	误差 1% 以内	注射器校准刻度，每天工作结束计算用量和偏差量	
配制疫苗	污染最小	在药品库配好疫苗，添加药品。在鸭舍内不再打开疫苗瓶盖，若需要补充，可使用一次性针管抽取	
安排人员	高效免疫	提前安排人员，明确各自工作重点和要求	
注射部位	100% 准确	颈部下 1/3 处，针头沿颈部方向皮下注射	免疫监管
更换针头	100 只鸭换针头	专人负责监督更换针头，旧针头放到回收瓶内	
疫苗温度（灭活苗）	30℃	恒温水浴锅设定目标温度，提前 2~4 小时由低到高逐步回温，免疫之前疫苗预温至 30℃ 左右	
疫苗均匀性	疫苗/药品混合均匀	换针头时摇晃疫苗，确保不同疫苗之间，疫苗与药品之间混合均匀，不能出现分层	
应激管理	减小应激	1. 免疫前可选择抗应激药物，减小应激 2. 需要提升水线的，提高免疫效率，缩短控水时间 3. 轻拿轻放，免疫完的肉鸭放到海绵垫上 4. 推鸭板包边，推鸭时动作要柔，防止鸭群挤压	

八、出粪管理

1.清除鸭粪频率

每天清除鸭粪，以确保舍内适宜湿度、空气清新、粪带干净。

1~15 日龄肉鸭：1~3 次清除鸭粪 / 天，16~25 日龄肉鸭：3~4 次清除鸭粪 / 天，26 日龄以后肉鸭：4~6 次清除鸭粪 / 天。

2.使用清粪系统

（1）接通电源，启动驱动电机，观察电机运行方向（防止反转），使清粪带正常运行。时刻观察机头机尾清粪带是否左右"跑偏"，尽量做到机头、机尾端各一人，同时协作。

（2）调节清粪带：

①如果机头端清粪带向左"跑偏"，先将调节板的 4 个紧固螺栓调整到"不吃劲"，然后顺时针转动调节螺栓，不能一次调节过大，避免清粪带后端右偏。每次转动螺栓半圈至一圈，观察清粪带走向，左偏时调整，锁紧调节板的锁紧螺栓。清粪带向右偏，同理调整。

②如果机尾端清粪带"跑偏"，调整机尾调节丝杆。往左偏，有 2 种调节方式：松右侧调节丝杆或紧左侧调节丝杆，每次转动丝杆半圈至一圈，观察清粪带走向。能够通过松调节丝杆调节的，尽量松调节丝杆。往右偏，同理调节。

（3）机头调节胶辊的调试：清粪带调整完毕后，需要使调节胶辊压紧驱动辊，以免在清粪时清粪带打滑。根据设计要求，齿轮端齿轮啮合即可。链轮端需要根据运行情况调节，观察压紧情况调节，尽量保证调节胶辊左右两端压紧均匀，此时驱动辊和调节胶辊的中心距以 130~133 毫米为宜。

3.注意事项

（1）在调节压紧螺栓前，务必将轴承的固定螺栓松到"不吃劲"，调节完毕后再锁紧。调节胶辊调试完毕后再运行电机，观察清粪带是否正常运行。

（2）禁止在设备运转过程中打开电气箱，进行调节、检修，以免造成人身伤害。

（3）远离动力机构，无防护措施禁止操作设备，维修和维护前务必切断动力，禁止攀爬所有系统。

（4）防止异物（编织带、铁丝、石子、羽毛、螺栓、螺母等）进入清粪带内，如有发现，立即关闭电源、清理干净，以免损伤清粪带及其他系统。

（5）清粪时接通电源，使用急停开关控制清粪带的运行，清粪结束及时关闭开关。

（6）清粪运行过程中，前后两端和清粪带两侧务必分别派专人看护及巡视。若有清粪带跑偏、凸起、撕裂、打滑等异常情况发生，要立即断电检修，故障排除后方可使用。

（7）出鸭完成并清粪后，立即调整机尾丝杆左右同步，松开清粪带约40厘米，以免热胀冷缩而伤带或拉坏笼具，及时清理、清洗设备等。

正常工作的粪带

九、残弱、死淘鸭管理

1. 残弱鸭管理

1~28 日龄残弱鸭：弱雏鸭在 5 日龄前逐渐表现出来，没有饲养经济价值，应直接淘汰。在养鸭过程中，精神萎靡、瘫痪的肉鸭无饲养价值，也应直接淘汰。

28 日龄以后残弱鸭：残弱鸭直接淘汰。

2. 死淘鸭管理

每天上午、下午两次捡死淘鸭，每天检查一遍所有笼具，严禁出现死鸭腐败。所有死淘鸭通过棚舍后端的窗口移出，由污区人员负责收集，严禁将死淘鸭放到棚舍前端或棚舍过道。

每天 12 点前、18 点前汇总上报死淘鸭数量和笼具分布位置，方便统计数据及分析。

十、鸭舍巡查与值班管理

1. 巡查鸭舍要求

每天巡查鸭舍不低于6次，巡查时要"眼观六路、耳听八方"，认真仔细。

2. 现场巡查内容

（1）鸭群：肉鸭饮水、吃料、精神状态、粪便，死淘鸭数量，笼具分布位置等。

（2）设备：环境控制设备、风机、小窗、供暖、供水、供料、清粪、照明等。

（3）舍内环境：舍内温度、湿度，肉鸭体感温度，空气质量等。

3. 夜班值班

夜间值班至少需要 1 名技术管理人员和 1~2 名饲养员。技术管理人员主要负责巡舍，观察鸭群状态，检查舍内环境状况，调整环境参数，观察水料，处理突发情况等。饲养员主要负责完成基础饲喂与巡查工作，确保鸭群的正常活动，发现异常情况，及时上报技术管理人员。

十一、出栏管理

1. 出栏计划

（1）关注肉鸭生长后期的体重、增重、料肉比，准确推算出栏时间。

（2）提前 7 天预测出栏时间，通知冷藏厂协调安排，确定宰杀时间。

2. 出栏调度

（1）出栏前一天，确定宰杀计划、车辆信息，安排专人办理检疫手续。

（2）通知首车司机和抓鸭队到场时间，预留抓鸭队吃饭时间。

（3）记录每一辆车的车牌号，进场时间，出鸭毛重、总重，出场时间等。

（4）根据天气情况灵活调整抓鸭装车时间，天气炎热时采取降温措施。

肉鸭出栏打水降温

3. 鸭舍出栏工作流程

如表 3–6 所示。

表 3–6 鸭舍出栏工作流程

项目	措施
出栏前准备	鸭舍内收集并清点物品、工具，放宿舍保管好，舍内小件物品全部移出
	肉鸭改饮自来水，观察车开到棚舍中间位置，棚舍前后门灯光照明正常
	准备好出鸭车 4 辆，推鸭板 8 个
出栏	按照计划进行人员分工，将鸭推出舍外，装车运走
出栏后整理	鸭舍内电机、配电柜，全部使用塑料布包裹防水
	整理、清点出栏工具，移交给下一个栋舍使用
	鸭粪出干净，拧松粪带，防止温度降低而粪带断裂
	水线停止供水，将水线内水排空，冬季防止冻裂
	清理料槽，饲料全部收集装袋
	料塔饲料放空，收集料塔四周散料
	料车开到栋舍最后端，方便冲洗
	拆卸料车料管、匀料器，准备清洗
	将挡鸭板提升到育雏位置，方便冲洗
	料管、匀料器、工具、观察车、平板车、水桶、加药桶、水线滤芯等清洗消毒

十二、应急管理

肉鸭密闭式、高密度养殖，设备安全风险高，若出事故损失巨大。因此，要建立完善的安全管理体系，做到未雨绸缪，防患于未然。

1. 报警器管理

在安全管理体系中，报警器 24 小时全程在线，出现异常问题能够及时报警。

（1）确保报警器软件和硬件处于正常状态。

（2）报警器务必 24 小时开启。

（3）要合理设置报警参数。

（4）报警后及时有效处置。

（5）建议安装集中报警系统。

集中报警系统

2. 备用级别风机

合理设置备用级别风机参数，开启备用设备开关，确保设备出现故障时，启动备用级别设备。

3. 巡查管理

（1）饲养人员值班，有异常情况第一时间上报。

（2）管理人员值班，每天巡舍至少 6 次。

4. 应急措施

（1）突发停电：

①场长、电工第一时间到达现场，如不能立即解决，先应急供电。

②全场停电，发电机在 5 分钟内启动。

③建议规模化养殖场配置备用发电机。

（2）突发停水：

①第一时间报告场长，场长启动备用水源、供水管道。

②组织电工、维修工排查原因，进行处理。

（3）应急电缆：

①至少准备 2 个栋舍的应急电缆，长度能够横跨 2 个栋舍。

②每根电缆，每个栋舍末端配电柜配置快接插头，确保能够在最短的时间内应急供电。

第4章

鸭场生物安全管理

鸭场生物安全措施执行到位，可以有效防治肉鸭疾病，减少用药，增加养殖效益。

一、消毒与隔离

消毒与隔离是切断病原传播最有效的途径，必须制定规范并严格执行。

1. 人员和物品进出场

（1）人员和物品进场要严格消毒，物品、衣服用臭氧熏蒸和紫外线灯照射消毒，人员进场喷雾消毒、洗澡，洗澡20分钟以上。

（2）更换场内工作服、黑靴进场，严禁携带个人衣物和禽类食品。

（3）紫外线消毒室4根紫外线灯管，全方位消毒。

（4）人员更换个人衣物出场，离场时检查携带物品有无违禁品。

2. 车辆消毒

（1）送货车辆不准进场，在大门口卸货，货品在熏蒸室熏蒸消毒后方可入库。

（2）通过卸料窗口将袋装料卸至饲料库，用烟熏剂熏蒸24小时后方可使用。

（3）散装料车、苗车、毛鸭车入场，用泡沫消毒剂对车内外消毒后，方可进场。

（4）随车人员更换消毒过或一次性的工作服、鞋套后，方可进场。

3. 净污区消毒

每周对净污区喷洒消毒一次。实行净污区隔离制度，非工作需要场内人员不得前往污区。夜间安保值班人员可前往污区，回到净区后，必须对雨靴冲洗消毒。

4. 区域隔离

鸭场分为生产区、生活区，实行区域隔离制度，各区物品不得私自乱拿乱放。各区域有明显标识线，人员、物品由生活区进入生产区前应当全面消毒，人员换靴换装，物品冲洗消毒。

5. 舍间隔离

（1）各鸭舍隔离，无集体工作，各鸭舍人员不得私自窜舍。各鸭舍物品如需进出，应严格消毒处理。

（2）管理人员出入鸭舍换靴换装，在鸭舍外穿黑靴、灰工作服。进舍踩脚踏盆，在舍内穿白靴、白工作服；出入鸭舍洗手或使用免水洗凝胶消毒。

6. 鸭舍门前消毒

（1）每日早晨交接班后，各鸭舍门前路面、外操作间使用电动喷雾器消毒。

（2）门前脚踏盆，每日早晚更换 2 次。

7. 鸭舍消毒

每日对棚舍消毒 1 次，重点对地面、两侧排水沟、后端出粪沟、后端风机、操作间等消毒。

8. 集体工作要求

（1）集体工作所需塑料筐、台秤、隔网等，应提前一天消毒，使用小清洗机喷洒消毒。

（2）免疫活苗时，暂停使用消毒液消毒，用清水冲洗公用物品 10 分钟以上，保证表面无污物。

（3）参加集体工作人员穿黑靴，到鸭舍门口踩脚踏盆消毒，使用小喷壶全身喷雾消毒，手用免水洗凝胶消毒，更换白靴后方可进入鸭舍。

二、消毒剂与使用操作

1. 鸭场常用消毒剂

如表4-1所示。

表4-1 鸭场常用消毒剂

品名	主要成分	主要用途
欧福迪（泡沫消毒剂）	戊二醛	空舍期棚舍消毒，车辆、后勤房间消毒
安灭杀	戊二醛	养鸭期间舍内消毒，进舍物资、车辆、人员消毒
戊二醛癸甲溴铵溶液	戊二醛	空舍期棚舍消毒
威岛消毒剂	二氯异氰尿酸钠粉	脚踏盆、场区门口消毒池消毒
绿安康	过硫酸氢钾复合物粉	进舍人员消毒

2. 消毒工具

（1）背负式电动喷雾器：棚舍内外消毒。

（2）脚踏盆：进舍雨靴消毒。

（3）喷雾消毒器：人员进舍喷雾消毒。

（4）高压清洗机：进场车辆、大型物品消毒，空舍期消毒。

（5）臭氧消毒机：进场物资消毒。

（6）量杯、量筒：准确计量消毒。

3. 消毒操作

（1）脚踏盆消毒：威岛消毒粉（每袋450克），每次用药50克，兑水10升（消毒水淹没过脚踝）。

（2）喷雾消毒器：绿安康消毒粉（每桶 1 千克），每次用药 100 克，兑水 10 升（满桶）。

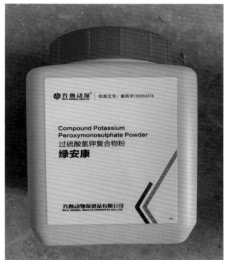

（3）鸭舍内外消毒：安灭杀消毒剂（每桶 5 升），每次用药 40 毫升，兑水 20 升（满桶）。

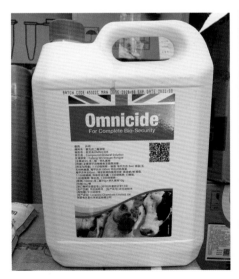

（4）进舍生产物资消毒：安灭杀消毒剂（每桶5升），每次用药20毫升，兑水10升（满桶）。

（5）鸭舍地面消毒：威岛消毒粉（每袋450克），每次用药110克，兑水220升（满桶）。

（6）空舍期消毒：

①泡沫消毒：欧福迪泡沫消毒剂（每桶5升），每次用药2升，兑水800升。

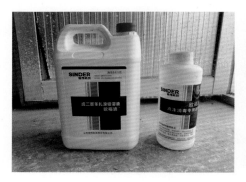

②戊二醛消毒：戊二醛消毒剂（每瓶1升），每次用药4升，兑水800升。

③甲醛熏蒸：棚长 100 米、宽 15 米，3 层笼养鸭舍，甲醛消毒剂（每桶 220 升），每次用药 70 千克，兑水 130 升。

（7）场区消毒：

①大门口消毒池：威岛消毒粉（每袋 450 克），每次用药 1 千克，兑水 5 000 升。

②进场车辆消毒：欧福迪泡沫消毒剂，每次用药 500 毫升，兑水 250 升。

（8）后勤房间消毒：欧福迪泡沫消毒剂，每次用药 40 毫升，兑水 20 升。

（9）进场物品消毒：使用臭氧消毒机对物品消毒 12 小时以上，臭氧消毒机关 80 分钟、开 10 分钟。

（10）场区泼洒：每隔 3 天，全场路面、厕所用生石灰 + 氢氧化钠泼洒 1 次；在春、夏、秋季，当室外气温达到 7℃以上时，可以在石灰水中添加氢氧化钠，以增加消毒效果。

三、空舍期管理

1. 棚舍冲洗

（1）确定出栏日期后，场长立即联系冲洗队，沟通冲棚事宜。

（2）冲洗队到场前一天，确定好人数，准备好房间，订下水量监测及监督方案、污区抽水方案等。积极配合冲洗队，以最高标准、最快效率完成冲洗。

（3）水量控制标准，只包含鸭舍内冲洗使用的水量，冲洗料塔、外侧路面、风机外侧使用的水量不计入在内。以单舍长 100 米、宽 15 米、单舍 4 列 3 层、每列 43 组、单个 2 米 × 2 米笼具为例：标准用水量为 100 立方米，节约有奖。

2. 棚舍冲洗验收标准

地面：鸭舍地面整洁，无鸭毛、鸭粪。

笼具：笼具、底网、底网支撑、挡料板、挡鸭板、垫脚板无鸭粪残渣。

水线：水线管和水碗整洁，无鸭粪残渣，手摸不黏。

粪带：粪带整洁，无残留鸭粪。

墙壁：墙壁整洁，不能有粪点。

水沟：两侧水沟清理干净，无鸭粪，整条水沟通畅。

风机：风机内外侧干净如新，无灰尘。

小窗：小窗干净整洁，无灰尘。

料仓料塔：无残留饲料，尤其注意匀料器周围。

3. 棚舍密封

验收合格的棚舍，做好密闭，人员出入进行消毒。

（1）前后门关闭，塑料布覆盖密封，门框缝隙用泡沫胶密封。

（2）湿帘挡板关闭严实，用铁丝固定。

（3）不用的风机用塑料布密封。春、秋、冬季只留现阶段使用的风机，其余风机全部密封，随用随开。

（4）两侧水沟排水口用铁板遮挡，用泡沫胶密封。

（5）密封标准：单台风机密闭通风，负压达到 50 帕以上。

4. 棚舍消毒

常用戊二醛、甲醛、石灰水、泡沫消毒剂。

（1）戊二醛：棚舍冲洗完成、通风晾干后，用戊二醛喷洒笼具、底网、粪带、地面、墙壁等处，不留死角。

（2）甲醛熏蒸：提前准备防毒面具，人员熏蒸时戴好，全程携带；喷洒走道及其上部空间，至少喷洒 3 个走道；喷洒结束后，鸭舍不低于 20℃保持 12 小时；熏蒸 24 小时后通风（如空舍期长，可延长熏蒸时间）。

（3）石灰水：鸭舍通风后，鸭舍地面、侧墙均匀泼洒石灰水，全覆盖。

（4）泡沫消毒剂：使用泡沫专用喷头，舍内笼具、底网、粪带、墙壁喷洒泡沫消毒剂，泡沫覆盖均匀。

5. 操作间、工作服消毒

（1）在空舍期对操作间、宿舍、闲置房间用甲醛熏蒸消毒，养殖期间使用紫外线照射 2 小时 / 天。

（2）在空舍期全员工作服使用威岛清洗干净，水靴用威岛浸泡刷洗。

6. 棚舍晾干

（1）棚舍冲洗完成后通风晾干，干燥时间越长越好。

（2）粪带旋转，直至粪带上无积水。

（3）料槽用抹布擦拭，无积水。

（4）地面积水用扫把扫开，加快蒸发。

7. 空舍期工作流程

如表 4-2 所示。

表 4-2　　　　　　　　　　　　空舍期工作流程

项目	工作内容
出栏后整理	1. 将出鸭车、推鸭板清理到舍外，冲洗、消毒 2. 清理死鸭、料槽内饲料 3. 出粪 4. 泡水线 5. 鸭舍内电线、配电柜包裹 6. 鸭舍内杂物清理 7. 拆卸清洗匀料器、料管 8. 鸭舍内工具清理、清洗、消毒

（续表）

项目	工作内容
棚舍冲洗	棚舍冲洗
冲洗后整理＋通风干燥	1. 料管、匀料器安装 2. 水线高度、平整度调整 3. 棚舍密封：前后门、湿帘门、湿帘保温板、粪沟和水沟排水口、小窗边缘、风机
第 1 遍消毒（戊二醛）	1. 先对棚顶、通风管、小窗、笼具上层消毒，站在笼具上层或观察车上 2. 再对笼具中下层、墙壁、地面、水沟、粪沟、风机消毒
整理＋通风干燥	1. 小窗检查、调整 2. 转粪带、排水 3. 水沟、粪沟彻底清理干净 4. 笼门、内网调整
第 2 遍消毒（泡沫）	1. 先对棚顶、通风管、小窗、笼具上层消毒，站在笼具上层或观察车上 2. 再对笼具中下层、墙壁、地面、水沟、粪沟、风机消毒
整理＋通风干燥	1. 水线、水碗擦洗干净、晾干 2. 料槽擦洗干净、晾干 3. 料桶安装、摆放 4. 所有使用物品、工具、车辆进舍 5. 设备检查、保养，试运行 6. 转粪带、排水 7. 笼具顶层铺设地膜
第 3 遍消毒（甲醛熏蒸）	进行甲醛熏蒸，每栋鸭舍使用 70 千克甲醛，兑水稀释
鸭舍通风	鸭舍通风，消除甲醛味
第 4 遍消毒（鸭舍内泼石灰）	鸭舍内外地面泼石灰覆盖
进苗前最后准备	1. 鸭舍内升温 2. 料桶加料、摆放 3. 水线、水桶加水预温 4. 最后检查细节

消毒鸭舍，准备接苗

四、疫情管理

1.封场封栋

（1）当鸭群暴发疾病或外界有疫情时，应视具体情况封场封栋管理。

（2）封场封栋期间，所有人员在各自栋舍工作、休息和生活，有问题电话联系，杜绝人员和物品传送，切断传播途径。

2.栋舍内工作、生活

（1）封栋期间，各栋舍人员生活由场内负责统一解决。

（2）就餐：厨师做好饭后统一送到各栋舍门口，打饭时不得与栋舍内人员有身体接触。各栋舍人员剩饭剩菜、洗碗自行解决，杜绝外出。

（3）封栋时间：根据疫情轻重缓急，确定封闭与解除时间。

3. 消毒措施

（1）栋舍内消毒：使用电动喷雾器，安灭杀消毒剂 200 毫升兑水 20 升（喷雾器 1 桶水），每天消毒 2 次。

（2）场区消毒：使用清洗机消毒，10 千克火碱兑水 100 升，每天消毒 1 次；对净区道路、道路两侧地面、后勤区域全面喷洒。

（3）进出场区消毒：车辆、人员、进场物品消毒等。

第5章

笼养肉鸭粪污处理

一般标准化笼养肉鸭场每批次饲养量为 30 万 ~ 40 万只，每万只鸭鸭粪产量 100~120 米^3。鸭粪产量大且含水量高，因此，鸭粪收集、输送、存放、处理等环节都需要提前规划设计，建设安装相关基础设施和鸭粪处理设备。

一、鸭粪收集

粪便首先落到传粪带上，依次进入舍内末端横向绞龙沟、鸭舍外储粪池、黑膜氧化塘或沉淀池，最后进行鸭粪处理（固液分离、翻抛发酵、氧化塘发酵等）。

鸭粪传送带

鸭舍外储粪池

黑膜氧化塘和沉淀池

二、鸭粪处理

1.固液分离法

采用固液分离法处理鸭粪，不仅解决了环境污染问题，而且处理后的粪便可产生很好的经济效益，从而实现循环经济养殖。采用固液分离法，常用设备有板框式固液分离机、卧螺式固液分离机、叠螺式固液分离机等。

（1）板框式固液分离机：工作原理是，混合液流经过滤布（特殊设计的滤布可截留粒径小于1微米粒子），固体留在滤布上，逐渐堆积形成泥饼。

滤液则渗透过滤布，成为清液。泥饼厚度逐渐增加，过滤阻力加大。过滤时间越长，分离效率越高。压滤机分离效果优良，在过滤过程中可对泥饼进行洗涤，得到高纯度的泥饼。

　　过滤液先是被进料泵抽进进水管道，在高压条件下再进入两个分水管道。分水管道与板框压滤机上方的两个进水阀相连，这样过滤液就进入了板框压滤机滤板上方两个分料管道，再被分到滤板组成的滤腔中。在强压下过滤液通过滤布，固体就被过滤下来，在滤腔中存储，实现了固液分离。这时过滤液就变得清澈干净了，再通过滤板下方的出水管道，汇集在一起，由单块滤板的排水阀流出。

板框式固液分离机

处理后的粪便固体部分

　　（2）卧螺式固液分离机：工作原理是，转鼓和螺旋推料器以不同的速度同向高速旋转，同时泵入悬浮液。悬浮液以一定的初速度从分料口甩入转鼓中，在离心力的作用下固液两相会出现分层。固相沉降在转鼓壁面，逐渐累积为沉渣，液相在固相内部形成液环。

卧螺式固液分离机

发酵大棚

2. 黑膜氧化塘发酵

黑膜氧化塘是一种采用黑色 HDPE 防渗膜，将池体底部和顶部密封为一体，具有发酵、贮存气体功能的超大型污水厌氧生物反应器。其主要依靠厌氧微生物将有机底物降解并部分转化为能源气体，具有工程造价和运行费用低、耐冲击负荷、污水处理效率高、沼气产量高等特点。黑膜氧化塘发酵是实施污水资源化利用的有效方法，目前被广泛应用于畜牧养殖业。

（1）优点：能充分利用地形，结构简单，建设费用低；可实现污水资源化和污水回收及再利用；处理能耗低，运行维护方便，成本低；美化环境，形成生态景观；污泥产量少；能承受污水量大范围的波动，适应能力和抗冲击能力强。

黑膜沼气池

（2）缺点：占地面积比较大，沼气发电需增加沼气增压机。

3. 异位翻抛发酵

异位翻抛发酵是按照发酵床的标准铺入垫料，接上菌种，然后将养殖场的粪污抽送到发酵床上，通过翻耙进行发酵处理。

（1）基本原理：好氧发酵是在有氧条件下，好氧微生物通过自身的分解代谢和合成代谢，将一部分有机物分解氧化成简单的无机物，从中获得微生物新陈代谢所需要的能量。同时将一部分有机物转化合成新的细胞物质，使微生物生长繁殖，产生更多生物体的过程。发酵的结果是废弃物中有机物向稳定化程度较高的腐殖质转化。

（2）异位发酵床建设：

①异位发酵床选址：异位发酵床应建在养殖场的污区，处于生产区、生活区常年主导风向的下风向或侧风向。

②异位发酵床建设：采用封闭式设计，钢筋混凝土结构或轻钢结构，舍面铺设透明采光瓦，屋脊高度不小于 3 米，屋檐高度不小于 2.5 米。这种设计能充分利用太阳能，有利于发酵物发酵。发酵舍四周宜用透明手摇升降帐

幕封闭，利于控制发酵床内温度和湿度。发酵舍四周应设不小于 0.8 米宽的硬化带并设排水沟，防止雨水进入发酵舍。

③翻耙机设置：在发酵床纵向墙体上安装可来回移动的翻耙机，将垫料与粪污混合搅拌。翻耙机耙齿长不小于 65 厘米为宜，耙齿过短处理效率不高。

④垫料选择与铺设：有吸附、吸水性能的垫料约占 40%；有透气性能的垫料约占 60%。垫料宜选用谷壳、锯末、花生壳、玉米芯、碎秸秆、甘蔗渣等，要求无腐烂、无霉变、无污染、无异味。最初的垫料高度应低于翻耙机中轴 10 厘米为宜，待发酵正常后再逐步添加，垫料厚度不超过翻耙机中轴。

（3）发酵床的日常管理：

①日常检测：每天使用插入式温度计测量发酵床前、中、后三段垫料的中心温度，发酵床正常运行温度 50~70℃为宜，温度过高不利于益生菌繁殖。

②喷淋粪污：根据垫料湿度确定喷淋频率和喷淋量，垫料湿度小于 40%，即可开启污水泵，从暂存池中抽取粪污，向发酵床垫料均匀喷淋，喷淋后垫料湿度以 55% 为宜。

③垫料翻耙：每天启动翻耙机翻耙，夏季 1~2 次 / 天、冬季 1 次 / 天。每次喷淋粪污或添加益生菌，应开启翻耙机翻耙垫料 1 次。

④添加专用益生菌：当益生菌活性下降，处理效果变差。垫料中心温度低于 50℃时，应及时添加专用益生菌，按说明书规定的用法、用量。

⑤补充垫料：当垫料沉降或垫料湿度过大时，应及时补充垫料，避免因

异位发酵床

垫料厚度不够，流失热量或湿度过高而导致死床。

⑥通风换气：夏季可全天通风，雨季要防止雨水进入床体，冬季要注意保温排湿。

⑦资料记录：认真做好日常生产记录，包括翻耙次数、粪污喷淋量、垫料厚度、添加益生菌量、发酵床温度等。

⑧运行效果评估：发酵床温度正常，无明显臭味，垫料无板结现象，为有效运行。

4. 鸭粪处理存在的问题

鸭粪因其产量大（>100 米³/ 万只）、含水量高（>90%）、臭味重，未经发酵处理不能直接使用等特点，造成处理难度加大，处理费用较高，是目前制约肉鸭规模化养殖快速发展的"瓶颈"。

鸭粪处理，需要借助先进的科学技术和方法，总结出一套高效、便捷、可复制推广的模式，同时结合自己养殖场的规模和特点进行合理化定制，确保肉鸭规模化养殖进程中粪污能够得到及时、妥善处理。

第6章

笼养肉鸭疾病防控

一、肉鸭病毒病

1.禽流感

禽流感是目前肉鸭生产重点防控的第一大传染病，一旦发生，经济损失巨大。

（1）流行特点：发病急，传播迅速，死亡率高。以直接接触传播为主，被病鸭污染的环境、饲料和用具是重要传染源。

（2）临床症状：鸭群突然发病和死亡，死亡率可达50%以上。病鸭采食量下降，体温升高，呼吸困难；排黄白色、黄绿色、绿色稀粪；头、颈出现水肿，腿部皮肤出血；后期出现神经症状，表现为扭头、转圈等。

病鸭排绿粪

死亡肉鸭

（3）病理变化：主要以全身的浆膜、黏膜出血为主。表现为喉头、气管、肺脏出血；心冠脂肪、心内膜、心外膜有出血点，心肌纤维有黄白色、条纹状坏死部分；胸、腹部脂肪有出血点；腺胃乳头出血，腺胃与肌胃交界处、肌胃角质膜下出血；胰腺有黄白色坏死斑点、出血或液化；十二指肠、盲肠扁桃体出血等。

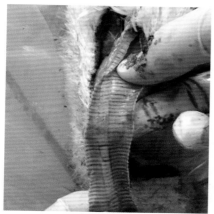

气管环出血

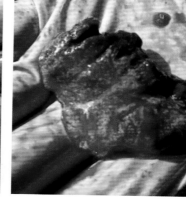

肺脏出血

腺胃乳头出血

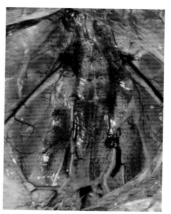

肾脏出血

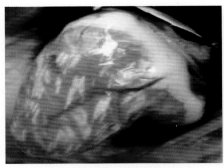

心肌坏死、虎斑心   胰腺出血

（4）防治措施：建立完善的生物安全措施，特别是空舍期严格消毒，严防禽流感病毒传入。采取免疫接种措施，一般在鸭7日龄接种禽流感疫苗，可起到一定的防控作用。一旦高致病性禽流感暴发，应采取扑杀措施，封锁疫区，严格消毒。对于低致病性禽流感，可采取隔离、消毒与治疗相结合措施。

2. 呼肠孤病毒病

该病由鸭呼肠孤病毒引起，不同品种鸭均可感染。病鸭主要表现脾脏坏死，死亡率高。青年肉鸭可造成瘸腿，淘汰率较高。

（1）流行特点：肉鸭发病日龄为7~22天，死亡率10%~15%。病鸭和带毒鸭是主要传染源，既可水平传播，又可经卵垂直传播。肉鸭发病无明显季节性，常与其他细菌病共同感染，造成大量死亡。

（2）临床症状：雏鸭主要表现为精神萎靡、食欲减退，羽毛蓬乱，排白色或绿色稀粪。病鸭两腿无力，多蹲伏。青年鸭不愿走动，驱赶表现跛行。

病鸭精神沉郁   病鸭跛行

（3）病理变化：雏鸭脾脏出现一个到数个坏死斑，不同病例脾脏坏死程度有所不同，一些病例肝脏有黄白色坏死灶。青年鸭感染关节腔内中有脓性或黄白色干酪样渗出物，肌腱断裂。

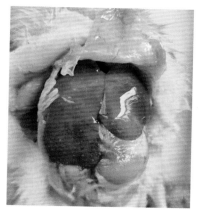
肝脏黄白色坏死灶

脾脏出血斑

腿部肌肉中有黄色干酪样物

肌腱断裂

（4）防治措施：采取严格的生物安全措施，加强环境消毒，减少病原传播。对病鸭采用高免卵黄抗体进行治疗，配合使用抗生素防止继发感染，治疗效果好。

3. 病毒性肝炎

肉鸭病毒性肝炎是一种由鸭甲型肝炎病毒引起的急性、高度致死性传染病。

（1）流行特点：该病主要发生于 5 周龄以内雏鸭，1~3 周龄雏鸭发病率和死亡率可达90%以上。病毒主要通过消化道和呼吸道传播，发病急、传播快、病程短。

（2）临床症状：病鸭表现为精神沉郁、食欲下降、缩颈、行动呆滞、眼半闭呈昏睡状。随着病情加重，病鸭很快出现神经症状，运动失调，全身性抽搐，死时头颈向后背部扭曲，呈角弓反张，俗称"背脖病"。

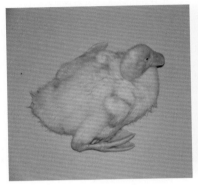 

病鸭精神沉郁　　　　　　　　　死鸭角弓反张

（3）病理变化：病死鸭肝脏肿大，质脆易碎，有大小不等的出血点或出血斑。部分病例肾脏肿大出血，有时脾脏肿大呈斑驳状。

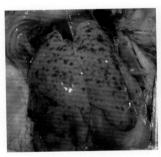 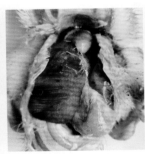 

肝脏出血斑　　　　　　肝脏刷子状出血　　　　　脾脏肿大，呈斑驳状

（4）防治措施：建立严格的隔离消毒制度，1日龄皮下注射鸭肝病毒高免卵黄抗体0.5毫升，有助于控制该病。

4.短喙与侏儒综合征

该病由鸭细小病毒引起，以喙短、舌外伸、弯曲、生长发育受阻为特征。该病严重影响肉鸭生长发育和鸭产品品质，防治该病对商品肉鸭养殖场和屠宰加工厂具有重要经济意义。

（1）流行特点：2 周龄内雏鸭易感病，发病率可高达 50%~60%，死亡率较低。该病可水平传播和垂直传播，被污染的环境、饲料和用具是主要传染源。

（2）临床症状：病鸭精神沉郁，排白色稀便，主要表现为喙短小，舌头外伸弯曲。部分病鸭出现单侧行走困难、瘫痪等症状。个体发育不良，骨质疏松。

病鸭精神沉郁，排白色稀便

鸭喙短，舌外露

病鸭发育不良

骨质疏松，易折断

（3）病理变化：剖检变化为胸腺肿大，有出血点。部分病鸭肝脾轻微出血，其余脏器无明显病变。

胸腺肿大、出血

（4）防治措施：1日龄雏鸭注射高免细小病毒抗体0.5毫升，可有效控制该病。

5. 坦布苏病毒病

该病由坦布苏病毒引起，主要表现为雏鸭瘫痪，死淘率增加，产蛋鸭产蛋率严重下降，给养鸭业造成巨大的经济损失。

（1）流行特点：10~25日龄肉鸭和产蛋鸭易感。主要通过蚊虫传播，也可经粪便排毒，污染环境、饲料、饮水、器具、运输工具等，造成传播。

（2）临床症状：以病毒性脑炎为特征，发病初期表现为采食下降，排白绿色稀粪；后期主要表现神经症状，如瘫痪、站立不稳、腹部朝上，两腿呈游泳状挣扎等。病情严重者采食困难，痉挛、倒地不起，两腿向后踢蹬，最后衰竭而死。

病鸭瘫痪

（3）病理变化：脑水肿，脑膜充血，有大小不一的出血点。肾脏红肿或有尿酸盐沉积，心包积液，肺脏水肿、淤血。

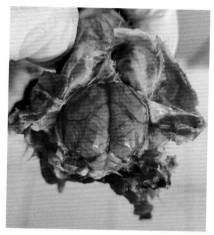

病鸭脑膜充血

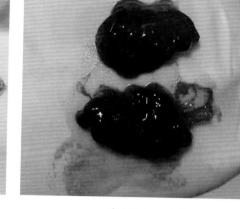

肺脏淤血、水肿

（4）防治措施：加强饲养管理，减少应激因素，定期消毒，提高肉鸭的抗病力。灭蚊、灭蝇、灭虫，杜绝传播途径。在疫病高发区可在肉鸭7日龄免疫一次弱毒活苗。

6. 鸭瘟

鸭瘟是一种由鸭瘟病毒引起的急性、败血性传染病。该病传播快、发病率和病死率高，是危害养鸭业的重要传染病。

（1）流行特点：不同日龄、品种肉鸭均可感染。自然条件下，成年鸭和产蛋母鸭发病率和死亡率均高，1月龄以下雏鸭发病较少。主要通过消化道传染。

（2）临床症状：发病初期，病鸭体温升高，精神沉郁；食欲下降或废绝，饮水增加；羽毛松乱，排深绿色稀粪；走路困难，伏卧不起；流泪和眼睑水肿，部分病鸭头颈部肿胀，俗称"大头瘟"。发病后期，病鸭体温降低，精神高度沉郁，不久便死亡，一般病程为2~5天。

病鸭精神沉郁，排绿色稀便　　　　　　　　病鸭头颈肿胀

（3）病理变化：鸭瘟的特征性病变为口腔黏膜、舌黏膜溃疡，食道黏膜覆盖有纵行排列的灰黄色假膜或出血点，食道黏膜溃疡。泄殖腔黏膜覆盖一层灰褐色或黄绿色假膜，不易剥离，黏膜水肿，有出血斑点。腺胃与食道膨大部的交界处有灰黄色坏死带或出血带，肌胃角质层下充血、出血。肠黏膜充血、出血，特别是空肠和回肠黏膜上出现的环状出血带，也是鸭瘟的特征性病变。头颈肿胀，皮下组织有黄色胶冻样浸润。

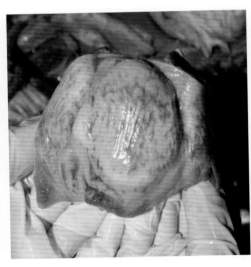

肝脏弥漫性出血　　　　　　　　　　　　肌胃角质膜下弥散性出血

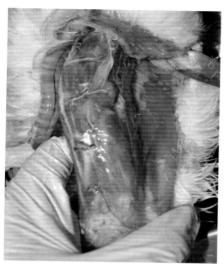

颈皮下胶冻样浸润

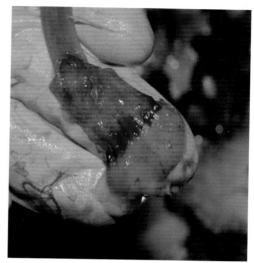

直肠、泄殖腔交界处出血

食道覆盖黄色假膜

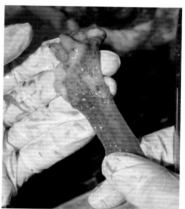

泄殖腔出血

　　（4）防治措施：加强饲养管理和卫生消毒制度，对鸭舍和饲养用具等经常消毒。一般商品肉鸭不接种疫苗，一旦发病，紧急接种鸭瘟弱毒疫苗，有一定效果。

二、肉鸭细菌病

1.大肠杆菌病

本病是由大肠杆菌埃希菌属某些致病性血清型菌株引起的综合征，包括心包炎、肝周炎、气囊炎、腹膜炎、输卵管炎、滑膜炎、脐炎等，是目前危害肉鸭的主要细菌性传染病。

（1）流行特点：多发生于雏鸭，可垂直传播和水平传播。饲养管理不当和各种应激因素可促发本病。

（2）临床症状：由于发病日龄、大肠杆菌侵害部位不同，病鸭表现症状也不同，共同症状为精神沉郁、食欲下降、羽毛粗乱、消瘦。胚胎期感染主要表现为死胚增加，尿囊液浑浊，卵黄稀薄。卵黄囊感染的雏鸭主要表现为脐炎，育雏期间精神沉郁、行动迟缓、呆滞，腹泻，泄殖腔周围粘染粪便等。病鸭呼吸道感染后，出现呼吸困难、黏膜发绀；病鸭消化道感染后腹泻，排绿色或黄绿色稀便。

（3）病理变化：胚胎期感染大肠杆菌，1日龄雏鸭可见腹部膨胀，卵黄吸收不良以及肝脏肿大等。雏鸭或青年鸭感染大肠杆菌，以肝周炎、心包炎、

雏鸭卵黄吸收不良

心包炎、肝周炎

气囊炎、纤维素性肺炎为特征性病变。肠黏膜弥散性充血、出血。肾脏肿大，呈紫红色。肺脏出血、水肿，表面有黄白色纤维蛋白渗出。脑膜充血，个别可见出血点。

气囊炎、腹膜炎

（4）防治措施：改善饲养环境条件，减少各种应激因素。对病鸭选择高敏药物治疗。

2. 疫里默杆菌病

该病又称鸭传染性浆膜炎，是目前危害肉鸭最严重的细菌性传染病。

（1）流行特点：各品种肉鸭都易感，1~8周龄多发，尤其以2~3周龄雏鸭最为易感，感染率、发病率、死亡率都很高。该病主要经呼吸道或皮肤伤口感染。

（2）临床症状：

①最急性型：雏鸭发病急，常因受到应激后，看不到任何明显症状就很快死亡。

②急性型：病鸭精神沉郁，离群独处，食欲减退至废绝，体温升高，闭眼并急促呼吸；眼流出黏液，形成湿眼圈；出现明显的神经症状，摇头或嘴角触地，缩颈，运动失调；排黄绿色恶臭稀便。随着病程延长，鼻腔和鼻窦内充满干酪样物质，鸭摇头、点头或呈角弓反张状态，两脚前后摆动呈划水状，

不久便抽搐死亡。

　　③亚急性型和慢性型：日龄较大肉鸭多发，病程长达 1 周左右，主要表现为精神沉郁，食欲不振，伏地不起或不愿走动。常伴有神经症状，摇头摆尾，前仰后合，头颈震颤。遇到其他应激时，不断鸣叫，颈部扭曲，发育严重受阻，最后衰竭死亡。该病的死亡率，与饲养管理水平和应激因素密切相关。

病鸭眼流泪，形成湿眼圈

病鸭颈部扭曲

病鸭头部着地，精神沉郁

（3）病理变化：该病特征性病变为全身广泛性纤维素性炎症。心包内可见淡黄色液体或纤维素样渗出物，心包膜与心外膜粘连。肝脏肿大，常覆盖一层灰白色或灰黄色纤维素性渗出物，肝脏呈土黄色或红褐色。胆囊伴有肿大，充满胆汁。气囊浑浊，壁增厚，覆盖大量的纤维素样或干酪样渗出物，以颈胸气囊最为明显。脾脏肿大淤血，呈大理石状，有时覆盖白色或灰白色纤维素样薄膜。肺脏充血、出血，覆盖一层纤维素样灰黄色或白灰色薄膜。

肝周炎

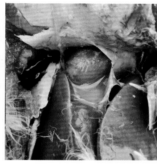
心包积液

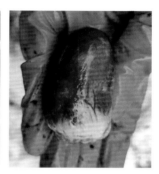
心脏外膜出血

腹膜炎

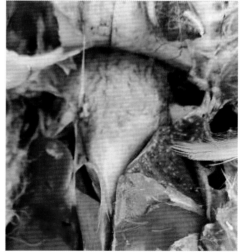
心包炎

（4）防治措施：加强饲养管理，做好环境控制管理。7日龄肉鸭免疫浆膜炎灭活疫苗，可有效防控该病。对病鸭可选用高敏药物治疗。

3.沙门菌病

鸭沙门菌病又称为鸭副伤寒，是由多种沙门菌引起的疾病总称。肠炎沙氏菌是目前危害肉鸭较严重的一类细菌性传染病。

（1）流行特点：1~3周龄雏鸭最为易感，死亡率为10%~20%。该病可水平传播和垂直传播，带菌鸭、种蛋等是主要的传染源。

（2）临床症状：一般雏鸭出壳2~3天后即死亡，1~3周龄达到死亡高峰。病鸭精神沉郁、食欲不振，不愿走动，两眼流泪或有黏性渗出物；排白色稀粪，糊肛。常张嘴呼吸，两翅下垂，呆立，嗜睡，缩颈闭眼，羽毛蓬松。体温升高至42℃以上。后期出现神经症状，颤抖、共济失调，角弓反张，全身痉挛抽搐而死。病程为3~5天。

（3）病理变化：肠炎沙门菌感染与鸭疫里默菌感染，与鸭大肠杆菌病有相似的病理变化，即纤维素性心包炎、肝周炎和气囊炎。

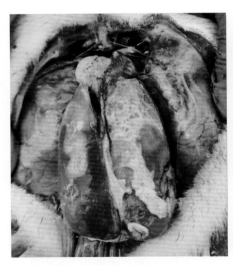
肝周炎、心包炎

脾脏肿大，呈大理石状

（4）防治措施：加强种鸭场环境卫生和消毒工作，孵化器和出雏器熏蒸消毒，确保肉鸭饮用干净的水、饲料。对病鸭可选用高敏药物治疗，恩诺沙星、氟苯尼考较敏感，要注意休药期。

三、肉鸭维生素及微量元素缺乏症

1.痛风

痛风是由于尿酸在血液中大量积聚，关节、内脏和皮下结缔组织发生尿酸盐沉积，而引起的一种营养代谢病。病鸭以行动迟缓、关节肿大、跛行、厌食、腹泻为特征。不同品种肉鸭均可发生，雏鸭多见。

（1）病因：

①营养性因素：核蛋白和嘌呤碱基饲料过多，可溶性钙盐含量过高，饮水量不足。

②中毒性因素：长期使用磺胺类药物，造成尿酸盐沉积。

③传染性因素：如禽肾炎病毒。

（2）临床症状：15日龄内雏鸭多见内脏痛风，偶见于青年鸭或成年鸭。病鸭精神萎靡，缩颈，两翅下垂；食欲减退，甚至废绝，消瘦；蹼干燥；排白色黏液样或石灰样粪便。肛门周围布满白色糊状物，严重者突然死亡。关节痛风主要见于青年和成年鸭，病鸭脚和腿关节肿胀，触之较硬，站立姿势奇特，跛行，甚至瘫痪。

（3）病理变化：剖检，内脏器官有大量尿酸盐沉积，输尿管变粗，管壁增厚，管腔内充满石灰样沉积物。肾脏肿大，颜色变淡，甚至出现肾结石和输尿管堵塞。严重病例在多个脏器、浆膜、

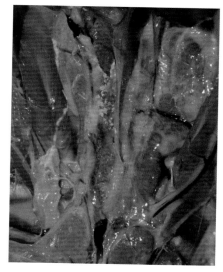

肾脏尿酸盐沉积

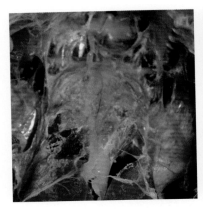 

心脏尿酸盐沉积

气囊和肌肉表面均有白色尿酸盐沉积。关节型病例可见病变关节肿胀，关节腔内有白色尿酸盐沉积。

（4）防治措施：科学配置日粮，保持合理的钙、磷比例，给予充足饮水；合理、慎重选择药物。一旦鸭群发病，应适当限制日粮摄入量，每日递减，连续 5 天，同时补充多种维生素，保证充足饮水，促进尿酸盐排出。

2. 维生素 B_1 缺乏症

维生素 B_1 缺乏症又称多发性神经炎，是一种由于饲料中维生素 B_1 含量不足引起的鸭营养代谢性疾病。

（1）病因：饲料中的维生素 B_1，在加热和遇碱易遭到破坏；或者饲料中含有硫胺素酶、氧硫胺素等，使维生素 B_1 受到破坏。饲料贮存时间过久或贮存条件不当，发生霉变，造成维生素 B_1 损失。消化机能障碍会影响维生素 B_1 的吸收和利用。此外，过量使用氨丙啉等抗球虫药物，也可造成维生素 B_1 缺乏。

（2）临床症状：雏鸭日粮中缺乏维生素 B_1，一般 1 周开始出现症状。病鸭食欲下降，生长发育受阻，羽毛松乱，无光泽，精神不振。随着病程发展，病鸭两脚无力，腹泻，不愿走动；行动不稳，失去平衡感，常跌倒在地；有时出现侧倒或仰卧，两腿呈划水状前后摆动，很难站立；头颈常偏向一侧或扭转，无目的性的转圈奔跑。这种症状多为阵发性且愈加严重，最后抽搐死亡。

（3）病理变化：胃肠慢性炎症，肠壁明显变薄或见溃疡。雏鸭生殖器官发育不全。

（4）防治措施：保证日粮中维生素 B_1 含量充足，雏鸭出壳后，可在饮水中添加适量电解多维。在使用抗生素和磺胺类药物治疗时，应加大饲料或饮水中维生素 B_1 的比例。

3. 维生素 B_2 缺乏症

维生素 B_2 缺乏症是由于维生素 B_2 缺乏或不足，引起机体生物氧化机能障碍性疾病。

（1）病因：饲料中维生素 B_2 含量不足，正常的添加量不能满足机体需要。鸭群受到应激，对维生素 B_2 的需求量增加。

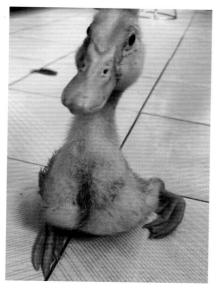

维生素 B_2 缺乏引起的鸭爪向内蜷曲

（2）临床症状：2 周龄至 1 月龄雏鸭多发病。雏鸭生长发育受阻，食欲下降，增重缓慢并逐渐消瘦；羽毛松乱无光泽，行动缓慢。病情严重鸭症状明显，趾爪向内蜷曲呈握拳状，瘫痪；多以飞节着地或以两翅伏地，以保持平衡；腿部肌肉萎缩，皮肤干燥。有时可见眼睛结膜炎和角膜炎，腹泻。病程后期患禽多卧地不起，不能行走，脱水，但仍能就近采食。若离料槽、水线等较远，则病鸭可因无法饮食造成虚脱而亡。

（3）病理变化：内脏器官没有明显变化。整个消化道空虚，肠道内有泡沫状内容物，肠壁变薄。重症病例可见坐骨神经粗肿。

（4）防治措施：保证饲料中补充维生素 B_2，合理贮存饲料。雏鸭出壳后，在饲料或饮水中添加适量电解多维。

4. 维生素 A 缺乏症

维生素 A 可维持视觉、上皮组织和神经系统的正常功能，保护黏膜完整性。维生素 A 还可以促进食欲和机体消化功能，提高机体抵抗力，提高生长率、繁殖力和孵化率。

（1）病因：饲料中维生素A缺乏，是肉鸭发病的原发性因素；某些疾病造成机体对维生素A吸收不良；饲料贮存不当，可造成维生素A活性降低或失活。

（2）临床症状：雏鸭维生素A缺乏时，精神不振，食欲减退，鼻流黏液或形成干酪样物，堵塞鼻腔；骨骼发育障碍，两腿变软，瘫痪；喙部和腿部黄色素变淡；眼结膜充血、流泪，眼内和眼睑下积有黄白色干酪样物质，造成角膜浑浊；继而角膜穿孔和眼房液流出，最后眼球内陷，失明，直至死亡。

病鸭眼流泪，鼻流黏液

（3）病理变化：以消化道黏膜上皮角质化为特征性病变。鼻腔、口腔、咽、食道黏膜表面可见白色小结节，不易剥落。随着病程的发展，结节变大并逐渐融合成一层灰白色假膜，覆盖于黏膜，剥离后不出血；黏膜变薄、光滑，呈苍白色。肾脏肿大，输尿管扩张，有白色尿酸盐沉淀物。

（4）防治措施：首先要保证日粮中维生素A和胡萝卜素含量。每千克饲料中加入8 000~15 000单位维生素A，疗效显著。或每千克饲料中加入2~4毫升鱼肝油，连用7~10天。

5. 维生素D缺乏症

肉鸭患维生素D缺乏症时，钙、磷吸收和代谢障碍，导致骨骼生长受阻。

（1）病因：饲料中维生素D含量少，不能满足机体正常生长发育需求；日粮中钙磷比例不当；日光照射不足。

（2）临床症状：1周龄雏鸭多发病，表现为羽毛松乱，两腿无力，喙部和腿部颜色变淡；骨骼软，蹼变形，常导致佝偻，行走摇摆，以飞节着地，直至瘫痪。

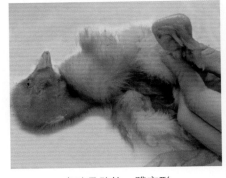

病鸭骨骼软，蹼变形

病鸭肋骨内陷

（3）病理变化：雏鸭肋骨沿胸廓向内呈弧形凹陷，肋骨和脊椎连接处呈现串珠样肿大。成年鸭无明显剖检病变。

（4）防治措施：预防，饲料中添加足量的维生素 D，保证合理钙、磷比例。治疗，500 千克饲料中加入 250 克维生素 AD 粉，连用 7~10 天。

6. 锰缺乏症

锰缺乏症又称滑腱症或骨短粗症，腿部骨骼生长畸形，腓肠肌腱向关节一侧脱出是典型症状。

（1）病因：发病与环境条件、营养因素和饲养管理水平有关。缺锰地区生产的饲料原料锰含量较低，日粮中烟酸缺乏或钙、磷比例失调，可影响机体对锰的吸收利用。

（2）临床症状：病鸭生长发育受阻，跗关节变粗且宽，两腿弯曲呈扁平，胫骨下端与跗骨上端向外扭曲，腿垂直外翻，行走困难。种鸭产蛋率下降，蛋壳质量差，孵化率低，导致胚体发育异常。孵出的雏鸭骨骼发育受阻，瘫软；上下喙不成比例，呈鹦鹉嘴状；腹部膨大、突出。

鸭关节肿大、变形

鸭脚掌内翻、瘫痪

（3）病理变化：病鸭跗跖骨关节因长期着地，造成皮肤变厚、粗糙，皮下有一层白色的结缔组织；关节肿大，关节腔内有脓性液体；胫跗骨腓肠肌腱移位，甚至滑脱，移向关节内侧。

病鸭右侧关节肿大，肌腱脱落

（4）防治措施：鸭对锰的需求量较大，预防该病最有效的方法是饲喂营养成分全面的饲料，特别是含锰、胆碱和 B 族维生素等。保证饲料中蛋白质和氨基酸的比例，钙、磷比例合理。出现病鸭时，及时调整饲料配方，另用 1∶2 万的高锰酸钾饮水，连用 2 天，间歇 2~3 天，再饮两天。病情严重鸭及时淘汰。

四、实验室常用诊断技术

1. 细菌分离与鉴定

肉鸭常见细菌性疾病，主要有大肠杆菌病、沙门菌病、葡萄球菌病、鸭疫里默杆菌病等。目前主要选用 5% 血清营养琼脂培养基、胆硫乳琼脂培养基、SS 琼脂培养基、沙门菌显色培养基、含 BP（Baird Parker+ 卵黄增菌液）培养基、高盐察氏琼脂等。根据疑似病原菌的生长特性确定培养条件，如培养温度、时间，是否需要厌氧培养等。

（1）细菌的分离与鉴定流程：见下图。

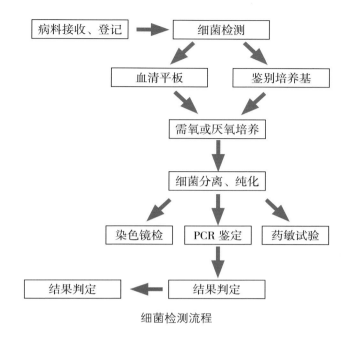

细菌检测流程

（2）细菌分离培养操作步骤：

①平板划线接种培养：细菌分离培养过程应严格无菌操作。取病死动物的心脏、肺脏、肝脏、脾脏、脑等病料，点燃酒精灯，用高温手术刀片对病料表面灭菌。在酒精灯火焰上烧灼接种环，获取病料。左手托着琼脂培养基平皿，右手用接种环划线接种，如下图所示。

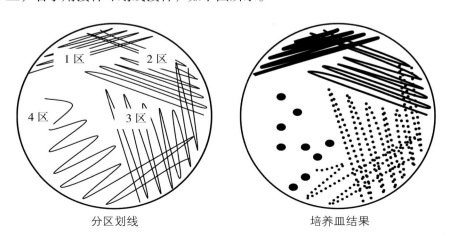

分区划线　　　　　　　　　培养皿结果

②不同细菌培养条件与生长特点：不同的细菌具有不同的培养特性，如营养要求、培养条件、在鉴别培养基上的形态等。菌落特征包括菌落大小、形态、气味、色泽、边缘结构等，是鉴别细菌的重要依据。

表 6-1 　　　　　　　　　　　　　不同细菌培养条件

方法	分菌位置	鉴别培养基	温度（℃）	时间（小时）
葡萄球菌	肝脏、心包液、脚垫、跗关节（瘸腿时）	含 BP（Baird Parker+ 卵黄增菌液）培养基	37	18~24
大肠杆菌	肝脏、心包液、跗关节（瘸腿时）	胆硫乳培养基	37	18~24
沙门菌	肝脏、心包液、跗关节（瘸腿时）	SC 增菌，SS 琼脂培养基，沙门菌显色培养基	37	18~24
鸭疫里默杆菌	脑、肝脏、心血	5% 血清营养琼脂	5% 浓度 CO_2，37	18~24
霉菌	肺脏	高盐察氏琼脂	25~28	72

表 6-2 　　　　　　　　　　　　　不同细菌的生长特点

培养基	5% 血清营养琼脂	胆硫乳琼脂	SS 琼脂	沙门菌显色培养基	BP（Baird Parker+ 卵黄增菌液）	高盐察氏琼脂
葡萄球菌	黄色菌落，不透明	不生长	不生长	不生长	中间黑色，边缘有透明圈	不生长
大肠杆菌	白色，边缘光滑菌落，阳光下有蓝光	粉色菌落，周围有胆盐沉淀圈	粉色菌落	蓝绿色菌落	不生长	不生长
沙门菌	白色透明菌落	中间黑色，边缘有透明圈	中间黑色，边缘有透明圈	紫色菌落	黑色菌落，有金属光泽	不生长
鸭疫里默杆菌	透明菌落，阳光下泛荧光蓝	不生长	不生长	不生长	不生长	不生长
霉菌	绒状菌落	不生长	不生长	不生长	不生长	绒状菌落

营养琼脂：白色透明
菌落，阳光下泛蓝光

胆硫乳琼脂：粉红色菌落

SS 琼脂：粉红色菌落

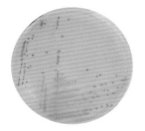

沙显琼脂：蓝绿色菌落

BP 琼脂：不生长

大肠杆菌在不同培养基下的生长形态

营养琼脂：白色透明菌落

胆硫乳琼脂：中间黑色，
边缘有透明圈的菌落

SS 琼脂：中间黑色，
边缘有透明圈的菌落

沙显琼脂：紫色菌落

BP 琼脂：黑色菌落，有金属光泽

沙门菌在不同培养基下的生长形态

营养琼脂：黄色
菌落，不透明

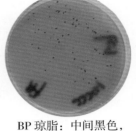

BP 琼脂：中间黑色，
边缘有透明圈

胆硫乳琼脂：不生长

SS 琼脂：不生长

葡萄球菌在不同培养基下的生长形态

营养琼脂：透明菌落，
阳光下泛荧光蓝

胆硫乳琼脂：不生长

SS 琼脂：不生长

BP 琼脂：不生长

鸭疫里默杆菌在不同培养基下的生长形态

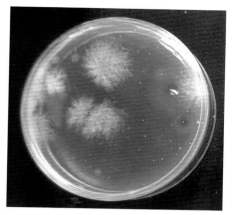

霉菌在高盐察氏琼脂培养基生长形态

（3）细菌革兰染色鉴定：细菌革兰染色可鉴定细菌，革兰阳性菌被染成蓝紫色，革兰阴性菌染成红色。细菌有球状、杆状和螺旋状3种基础类型，有些细菌形态、结构特征鲜明。如多杀性巴氏杆菌在心血抹片中，可见肥厚的荚膜及典型的两极着色。

一般革兰染色法包括初染、媒染、脱色、复染等4个步骤。

①涂片固定：吸取约5微升PBS滴在载玻片上，用接种环蘸取菌落在载玻片PBS中混匀，火焰轻微灼烧载玻片，在火焰上闪过，蒸干水分，固定细菌。

②初染：草酸铵结晶紫染1分钟。蒸馏水冲洗，用吸水纸吸去水分。

③媒染：加碘液覆盖涂面染约1分钟。水洗，用吸水纸吸去水分。

④脱色：加95%酒精数滴，并轻轻摇动进行脱色，30秒后水洗，吸去水分。

⑤复染：蕃红染色液（稀）染1分钟后，蒸馏水冲洗。干燥后镜检拍照。

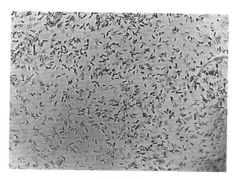

大肠杆菌

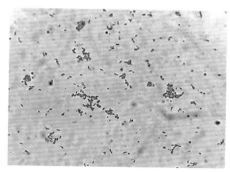

沙门菌

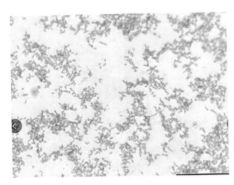

鸭疫里默杆菌

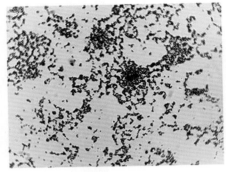

葡萄球菌

不同细菌革兰染色镜检照片

（4）平板凝集试验—鸭疫里默杆菌血清型鉴定：在载玻片两端分别滴加一滴生理盐水和鸭疫里默杆菌阳性血清，用灭菌接种环分别挑取一点，在生理盐水和阳性血清中分别混匀后，轻轻摇动，0.5~1分钟观察是否凝集。生理盐水不凝集，阳性血清凝集，判断为鸭疫里默杆菌并确定发病血清型。

鸭疫里默杆菌平板凝集试验

（5）细菌的药物敏感性试验（纸片法）：常用的药物敏感性试验有纸片法、试管法、琼脂扩散法，以纸片法操作简单、应用普遍。

①将挑取的单菌落用约500微升无菌PBS稀释。

②用无菌棉签蘸取菌液均匀涂在平板上。

③待培养基表面稍干后，用灭菌小镊子分别取所需的不同抗菌药物药敏片，按一定间距均匀贴于培养基表面。

④温箱中培养12~18小时，测量抑菌圈直径，读取结果。

⑤根据抑菌圈直径大小，判定药物敏感性。

表 6-3　　　　　　　　　　　药物敏感性判定

抑菌圈直径（厘米）	敏感度
≥ 21	极敏
$20 \geqslant X \geqslant 15$	高敏
$14 \geqslant X \geqslant 10$	中敏
$9 \geqslant X \geqslant 6$	低敏
<6	不敏

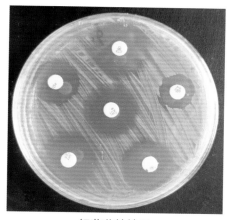

细菌药敏结果

2. 病毒分离与鉴定

（1）病料处理：用剪刀无菌取病料、剪碎，在含有抗生素的生理盐水中研磨，反复冻融 3 次，以 12 000 转 / 分钟离心 10 分钟。取上清液经 0.22 微升滤器过滤，待用。

（2）培养载体选择：常用的病毒分离培养方法，有细胞培养、禽胚接种、动物接种等。禽胚的接种途径主要有绒毛尿囊膜、尿囊腔、卵黄囊、羊膜腔接种等，其中绒毛尿囊膜与绒毛尿囊腔接种方式最为常用。

（3）禽胚接种方式：

①绒毛尿囊膜接种：选取 9~12 日龄鸡胚或鸭胚，划出气室和胚体，在

胚胎面靠近胚胎而无大血管处作一记号，为接种部位。将胚胎横放于蛋托上，碘酊及酒精棉球消毒后，用灭菌镊子在接种部位作一裂痕，小心挑去蛋壳，造成卵窗。另在气室中央也钻一小孔，随后在卵窗的壳膜上滴一滴生理盐水。用灭菌针头挑破卵窗中心的壳膜，但不可损坏绒毛尿囊膜。然后用橡皮吸球紧贴气室小孔中央吸气，造成气室内负压，使卵窗部位的绒毛尿囊膜下陷，与壳膜分离，形成人工气室。此时可见滴加于壳膜上的生理盐水迅速渗入。用注射器抽取 0.05~0.1 毫升接种液接种于绒毛尿囊膜，将胚体轻轻旋转，使接种液扩散到人工气室下的整个绒毛尿囊膜。最后用蜡密封卵窗及气室中央小孔，将接种胚胎横卧于蛋盘上，在 37℃ 温箱内进行孵育，不可翻动，保持卵窗向上。

②绒毛尿囊腔接种：选择 9~12 日龄的 SPF 鸡胚或无母源抗体鸭胚，划出气室及胚体，在胚胎面和气室交界的边缘上方 1~2 毫米处，避开血管作一标记，为接种点。碘酊及酒精消毒后，用灭菌粗针头或钢锥在接种处钻一小孔，用注射器接种 0.1~0.2 毫升接种物，然后用蜡封口。接种后的鸡胚或鸭胚气室向上，放置于 37℃ 温箱内孵育。

③卵黄囊接种：选择 6~8 日龄 SPF 鸡胚或无母源抗体鸭胚，划出气室及胚体，并在远离胚体一侧气室，稍偏正中处作一标记，为接种点。碘酊及酒精消毒后，用灭菌粗针头或钢锥在接种处钻一小孔，用注射器接种 0.1~0.2 毫升接种物，然后用蜡封口。接种后的鸡胚或鸭胚气室向上，放置于 37℃ 温箱内孵育。

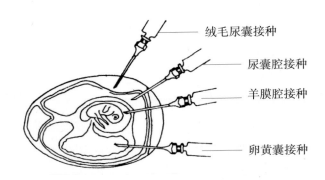

绒毛尿囊接种

尿囊腔接种

羊膜腔接种

卵黄囊接种

常见的几种胚体病毒接种方法

（4）收获和观察：接种后的胚胎每天照胚 1~2 次，弃掉 24 小时内死亡的胚体，其余胚体培养 3~5 天后，放入 4℃冰箱冷却，使胚体血液凝固。在超净工作台分别用碘酊和酒精消毒蛋壳，用灭菌镊子除去气室卵壳及壳膜，开口直径为整个气室区大小。尿囊腔接种以无菌镊子撕去一部分蛋膜，撕破绒毛尿囊膜，而不撕破羊膜。用移液器伸入尿囊腔，避开羊膜和卵黄膜，吸取清亮尿囊液，可收集 4~9 毫升。尿囊膜接种的胚体还需收集尿囊膜，将胚体卵黄倒出，用镊子撕下蛋壳的尿囊膜。卵黄囊接种的还需收集卵黄液，直接抽干尿囊液，将枪头插入卵黄，吸取即可。以上收集物收集完毕，放 -20℃保存。进行病毒鉴定，同时检查胚体的病变情况。

表 6-4　　　　　　　　　　肉鸭常见病原接种方式及收获

病毒	培养载体	接种途径	培养时间	收获
高致病性禽流感病毒	鸡胚、鸭胚	尿囊腔	30~40 小时	尿囊液
低致病性禽流感病毒	鸡胚、鸭胚	尿囊腔	72~96 小时	尿囊液
鸭呼肠孤病毒（DREO）	鸡胚	卵黄囊	72~120 小时	尿囊液 + 胚体
鸭腺病毒（FADV）	鸡胚	卵黄囊	72~120 小时	尿囊液 + 胚体
鸭病毒性肝炎病毒（DHV）	鸭胚	尿囊腔	72~120 小时	尿囊液
鸭细小病毒（N-GPV）	鸭胚	尿囊腔	120 小时	尿囊液
鸭坦布苏病毒（TMUV）	鸡胚、鸭胚	卵黄囊	72~120 小时	尿囊液 + 胚体

（5）病毒鉴定：对于有血凝性的病毒可以采用 HA 试验鉴定，其他可采用 PCR 方法鉴定。

照胚

标记编号

碘酊消毒、酒精脱碘

打孔及接种

石蜡封口

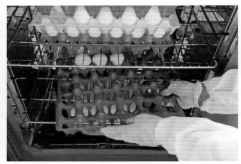

37℃孵育

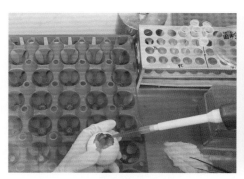

收获

病料研磨

样品保存

五、科学用药

1. 精准用药

目前肉鸭养殖中要求精准用药，一是针对具体养殖场，根据药敏试验结果使用一对一的药物；二是针对大的养殖区域，利用大数据分析与筛选敏感性药物，了解药物的作用特点及休药期来使用药物。

（1）针对具体养殖场的用药，要利用实验室出具的药敏结果，尽可能选用敏感性高的药物，选择不同发病鸭舍及不同样品共同敏感的药物。

（2）筛选对养殖区域敏感性药物，要进行肉鸭养殖端细菌的区域性普查，并分析药物的耐药性。

（3）普查区域设定不要范围太大，2~3 个县域范围能保证普查的准确性。

（4）普查采样时间要控制在 2 周内，才能保证样品的一致性。

（5）普查采样部位为肝脏和肠道。

（6）取 3 只肉鸭，即可反映该鸭群情况。

（7）为确保细菌分离率，尽可能保证在用药前取样。

（8）普查区域敏感率高于 50% 的药物为敏感。

2. 合理用药

合理用药的关键是如何发挥药物的最大效应，要考虑药物给药方式、药物作用特点、药物休药期及肉鸭机体状态（表 6-5）。

表6-5   合理用药注意事项

合理用药	注意事项
给药方式	对于肉鸭适合群体给药，首选饮水给药，其次为喷雾给药与拌料给药，对于个别严重鸭只可注射给药
药物作用特点	对于全身感染首选口服易吸收的药物，对于不易吸收的药物可采用喷雾或注射给药；对于肠道感染，可采用内服不吸收的药物。肠道易吸收药物：氟苯尼考、阿莫西林、强力霉素等；肠道不易吸收药物：新霉素、庆大霉素、卡那霉素等
休药期	肉鸭使用的可溶性粉休药期均大于5天，仅部分大环内酯类（泰乐菌素）和喹诺酮类（沙拉沙星）药物的休药期低于5天
肉鸭机体状态	当鸭群细菌感染治疗无效，感染急剧恶化，应考虑改变治疗方向。当鸭群治疗有效但未能完全控制疾病，病情有所加重，应保留主要作用的药物。肉鸭肾脏受损情况下，避免使用四环素类、多黏菌素及氨基糖苷类抗生素。肉鸭肝脏受损情况下，避免使用大环内酯类、四环素类、磺胺类及酰胺醇类抗生素

3. 替抗产品的使用

随着国家对食品安全的重视，在养殖端逐步探索无抗和减抗模式，一部分非抗产品，诸如微生态制剂、抗菌肽、噬菌体及中药逐渐在生产中使用。

（1）常用替抗产品：如表6-6所示。

表6-6   常用替抗产品

类别	成分	作用	使用方法
微生态制剂	乳酸杆菌、芽孢杆菌、酵母菌及酶制剂等	调理肠道菌群状态，维持肠道菌群平衡	预防为主，饮水、拌料均可
抗菌肽	由20~50个氨基酸组成的小肽	具有广谱抗菌性，对囊膜病毒也具有一定作用	以治疗为主，饮水、拌料均可
噬菌体	一类能够感染并裂解细菌、真菌、藻类、放线菌或螺旋体等微生物的病毒	裂解各种细菌，但有特异性	预防、治疗均可；饮水、拌料及喷雾使用均可

（续表）

类别	成分	作用	使用方法
中药	含有皂苷、黄酮类成分	通过影响细胞壁渗透屏障，使细胞质外流导致菌体死亡 通过抑制细胞膜上的多种呼吸酶合成酶，阻断其生物合成，而达到抑菌效果	预防为主，饮水、拌料均可

（2）使用微生态制剂：

①首先要选择正规企业的合格产品，其次要明确所选产品的功能，不同微生态制剂其作用效果不同。

②使用微生态制剂时，要考虑环境因素的影响。在通常情况下实际用量要高于参考用量，治疗用量高于预防用量。

③微生态制剂尽早使用，不仅可以促进消化道有益菌群建立，而且可以刺激胃肠道发育，对于预防代谢病和消化道感染发挥着重要作用。

④避免微生态制剂与抗生素、抗菌药物同时使用，不让药物影响微生态剂的效果。

（3）使用抗菌肽类产品：目前抗菌肽类产品无合法批号，基本使用微生态产品批号，使用之前可验证抑菌效果。

（4）使用噬菌体类产品：目前噬菌体类产品无合法批号，基本使用环境改良剂产品批号。使用前一定做细菌裂解率试验，确保噬菌体具有针对性。

（5）使用中药：

①出于食品安全考虑，要确保中药中无西药添加，要尽可能选择大厂家产品。

②目前商品肉禽使用饲料为全价料，最好选择口服液。

③保证中药使用剂量，才能达到效果。

《笼养肉鸭 40 天》养殖和管理视频

1. 接苗前鸭舍内状况   7. 消毒

2. 接苗过程   8. 饮药

3. 接苗后观察   9. 出粪

4. 分群   10. 称重

5. 饲喂   11. 出栏

6. 水线冲洗

《笼养肉鸭 40 天》养殖和管理视频二维码